U0230456

中国煤炭高质量发展丛书

主编 袁 亮

采场围岩变形破坏监测技术研究

Research on Monitoring Technology of Surrounding Rock Deformation and Failure in Stope

张平松 著

国家自然科学基金项目（41877268）资助

科 学 出 版 社

北 京

内 容 简 介

本书对采场围岩变形破坏发育多地球物理场响应特征、测试与监测技术等作了系统阐述，以光纤测试技术、地电场测试技术与工程应用等内容为主。

本书可作为地质资源与地质工程、地球物理学等学科专业工程技术人员的工具性参考书，也可供地质工程、资源勘查工程、地下水科学与工程、水文与水资源工程、环境工程、土木工程等相关专业学生参考使用。

审图号：GS 京（2023）0640 号

图书在版编目（CIP）数据

采场围岩变形破坏监测技术研究 / 张平松著. —北京：科学出版社，2024.3

（中国煤炭高质量发展丛书/袁亮主编）

ISBN 978-7-03-074835-5

Ⅰ. ①采… Ⅱ. ①张… Ⅲ. ①围岩稳定性–监测–研究 Ⅳ. ①TD325

中国国家版本馆 CIP 数据核字（2023）第 019373 号

责任编辑：刘翠娜 崔元春 / 责任校对：王萌萌
责任印制：师艳茹 / 封面设计：无极书装

科学出版社 出版

北京东黄城根北街 16 号
邮政编码：100717
http://www.sciencep.com

河北鑫玉鸿程印刷有限公司印刷
科学出版社发行 各地新华书店经销

*

2024 年 3 月第 一 版 开本：787×1092 1/16
2024 年 3 月第一次印刷 印张：10
字数：260 000

定价：198.00 元

（如有印装质量问题，我社负责调换）

作 者 简 介

张平松(1971—)，男，安徽六安人，博士，二级教授，博士生导师，安徽省教学名师，安徽省学术和技术带头人。兼任中国煤炭学会矿井地质专业委员会秘书长、安徽省地球物理学会副理事长、安徽省地质学会副理事长、中国岩石力学与工程学会地质与岩土工程智能监测分会常务理事、中国地球物理学会矿山地球物理专业委员会委员、第四届煤炭工业技术委员会资源勘查与地质保障专家委员会委员。

主要从事综合地球物理勘探、矿山及工程多灾害源探测与防治等方向的教学与研究工作。负责并完成矿井巷道综合超前探测技术系统研制，进行矿井光纤探测技术应用研究，利用地震波、地电、应变等多场多参数融合方法对采场围岩变形与破坏进行原位监测，解释与判别岩层的变形和破坏特征规律。负责并参与完成 KDZ 系列矿井地质探测仪、YCS40(A)型矿井瞬变电磁仪、WBD 型并行电法仪等多款仪器设备研发，以及震波自动解析系统、地球物理 CT 处理系统等软件开发。承担国家重点研发计划项目、国家自然科学基金项目等科研课题 20 余项；获得科技鉴定成果 10 余项，并在地质勘探生产中得到应用。获中国煤炭工业协会第三届煤炭工业杰出青年科技工作者称号。发表学术论文 70 余篇，其中 SCI、EI 收录 50 余篇；出版教材、专著 6 部；获得省部级科技进步奖一等奖、二等奖 6 项，三等奖 7 项，以及省级教学成果奖一等奖 3 项、二等奖 2 项。获国家发明、实用新型等专利授权 60 余件，其中，国际专利授权 10 余件、软件著作权 12 项。参编国家能源行业标准 2 部。

前言

随着煤炭资源开采向深部发展，矿山围岩变形引起的灾害和安全隐患增多。煤炭开采面临更多复杂、多变、高难度的地质问题，其中采场围岩变形发育形态评价是矿井安全的重要指标之一，采场围岩变形与破坏测试是判别矿井隐蔽致灾地质问题的重要技术保障。因此，开展围岩变形监测与研究逐渐成为众多学者关注的重点。近年来，无论在形式还是技术手段上，围岩变形测试与评价都取得了长足的进步。针对煤层顶底板、巷道两帮空间的井下测试以及地面钻孔监测技术都在不断进步，但是，方法和技术的跟进、革新上仍存在不足。未来技术发展仍需要聚焦围岩变形测试技术的创新，并开展围岩变形特征表征的深入研究，尤其是进一步解决矿山大变形等突出问题。

作者根据多年来在顶底板、巷道以及地表600m深度范围岩层变形监测中开展的大量理论研究、方法创新、技术研发与工程实践应用，提出了基于光纤-电法联合监测技术，有效解决了采场围岩变形破坏精准测试的难题。本专著是张平松教授团队在采场围岩变形破坏发育多场响应特征及监测技术方面的系统总结，介绍了课题组自2000年以来相应的研究成果，围绕采场围岩变形问题，从方法理论、模型构建、施工工艺到工程实践与应用，形成了一套适用于矿山开采变形破坏监测的施工规范及技术体系。针对两淮矿区、鄂尔多斯盆地煤田煤炭资源开采地质条件，布置不同类型观测系统，分析了相应的观测成果，总结了围岩变形至破坏的特征与规律。

本专著由张平松完成，许时昂、孙斌杨、欧元超、刘畅、李圣林、邱实协助组稿与出版工作。书稿完成过程中，杜凯、刘常乐、杨少文、余宏庆、廖心茹、汪椰伶、程晋全、陈澳、汪勇辰等硕士研究生在图件与表格清绘、文献整理以及文字校对等方面做了大量工作。数据采集与应用过程中得到淮河能源(集团)股份有限公司、淮矿西部煤矿投资管理有限公司、安徽省皖北煤电集团有限责任公司等单位的大力支持，在此一并致谢！

专著中参阅了国内外大量的文献资料，在此向其作者表示感谢！同时，也对未提及的作者表示衷心的感谢！

本专著得到了国家自然科学基金项目(41877268)的资助。在本专著的编写过程中得到了安徽理工大学吴荣新教授、郭立全讲师、胡雄武副教授、席超强讲师，南京大学张丹教授，苏州南智传感科技有限公司魏广庆总经理，华北科技学院程刚副教授等老师、专家的支持和帮助,谨向他们表示衷心的感谢!本专著中的许多研究成果凝聚了多年来课题组博士研究生、硕士研究生的工作和贡献,他们在成果的研究和应用推广中做出了诸多努力。在此,向所有参与人员及单位表示感谢!

限于作者水平,书中难免存在不足之处,恳请广大读者批评、指正,不胜感激。

著　者

2023 年 8 月于淮南

目录

第1章 绪 论

1.1 研究背景及意义

煤炭资源在全球分布广泛，为促进全球经济平稳快速发展提供了重要的物质基础和能源支撑。受地缘政治因素和全球供求关系变化的影响，煤炭作为世界重要的能源仍将在一段时间内保持高位。煤炭是一次能源的重要组成部分，据统计全世界在 2022 年煤炭需求量超过 80 亿 t，其需求依然强劲。近 30 年来，随着测试技术与方法的不断创新与应用，我国煤矿安全生产取得举世瞩目的成效，实现了由事故多发、频发向安全生产形势总体稳定的历史性跨越，煤炭工业更趋向于生态环保和绿色低碳的发展形势。

1.1.1 研究背景

中国是世界上最早利用和开采煤炭的国家，早在 2000 多年前的春秋战国时期，已经能够开凿不同的立、斜井开采矿物，当时煤炭就成为一种重要的产品，被用于炼铜和冶铁，同时也形成以人力和简陋工具为基础的原始手工采煤技术。唐、宋以来采煤业由北向南逐步发展，并发展了炼焦技术，直到近代煤矿总的生产规模不断扩大。中华人民共和国成立后，我国创建并完善了煤矿设计的实践与研究，除了扩大露天开采规模，同时还大力发展矿井建设施工技术，丰富与完善了地下开采技术。基于此，煤矿建设与生产得以迅猛发展，开采技术也得到飞跃式的进步，发展不同条件下采煤机械化装备，优化既有采煤工艺与方法，建成一批现代化矿区和高效高产矿井，同时，在煤炭工业发展过程中，围绕矿井安全生产的主题也受到越来越多的重视。

长期以来，煤炭作为我国重要的能源与化工原料，是国民经济发展的物质基础。而且，我国的煤炭资源赋存丰富，成煤时期多，分布面积广，煤田类型多样，不同矿区煤炭资源开采在技术、理论、工艺和方法上都有差异。从我国煤炭工业的发展战略和可持续开发着眼，建立适合我国国情的煤炭精准、绿色开采及地质保障技术，推动检测、监测技术的快速发展，对促进煤炭开采技术革新，匹配矿井智能化建设与发展具有极其重要的工程价值和实践意义。

近年来，我国已成为世界第一煤炭生产和煤炭消费大国。在国内还初步建成了包括晋北、晋中、晋东、神东、陕北、黄陇、宁东、鲁西、两淮等在内的 14 个亿吨级大型煤炭基地(表 1-1)。2020 年 12 月国务院发布《新时代的中国能源发展》白皮书，提出努力建设集约、安全、高效、清洁的煤炭工业体系；加快煤矿机械化、自动化、信息化、智能化建设(图 1-1);推进大型煤炭基地绿色化开采和改造。《中国能源中长期(2030、2050)发展战略研究》中也指出煤炭作为主体能源短期内难以改变,基于我国能源分布结构及世界多变格局,其在一定时期内发挥能源支撑与压舱石的重要作用。随着"双碳"目标的提出与推进,在保障能源供应安全的同时,煤炭工业健康发展面临多重挑战和机遇。

表 1-1 全国 14 个大型煤炭生产基地布局情况及功能划分

序号	煤炭基地	产量规划/(亿 t/a)	主要矿区	功能定位
1	神东基地	9	神东、万利、准格尔、包头、乌海、府谷	控制节奏,高产高效,兜底保障;控制煤炭总产能,建设一批大型智能化煤矿,提高基地长期稳定供应能力。其中山西、陕西、蒙西地区是我国主要的煤炭生产地区,也是我国主要的煤炭调出地区,担负着全国煤炭供应保障的主要责任
2	陕北基地		榆神、榆横	
3	黄陇基地	6	彬长(含永陇)、黄陵、旬耀、铜川、蒲白、澄台、韩城、华亭	
4	晋北基地		大同、平朔、朔南、轩岗、河保偏、岚县	
5	晋中基地	9	西山、东山、汾西、霍州、离柳、乡宁、霍东、石隰	
6	晋东基地		晋城、潞安、阳泉、武夏	
7	蒙北(东北)基地	5	五九、准哈诺尔、查干淖尔、吉日嘎郎、哈日高毕、宝日希勒、伊敏、大雁、霍林河、平庄、白音华、胜利、阜新、铁法、沈阳、抚顺、鸡西、七台河、双鸭山、鹤岗等	稳定规模、安全生产,区域保障;提高区域煤炭稳定供应保障能力
8	云贵基地	2.5	盘县、普兴、水城、六枝、织纳、黔北、庆云、老厂、小龙潭、昭通、镇雄、恩洪、跨竹、筠连、古叙	
9	两淮基地	1.3	淮南、淮北	控制规模,提升水平,基本保障;河北、山东、河南、安徽及周边省市是我国主要煤炭消费区,煤炭需求主要依靠外部调入
10	鲁西基地	1.2	兖州、济宁、新汶、枣滕、龙口、淄博、肥城、巨野、黄河北	
11	河南基地	1.2	鹤壁、焦作、义马、郑州、平顶山、永夏	
12	冀中基地	0.6	峰峰、邯郸、邢台、开滦、平原	
13	新疆基地	3	准东(五彩湾、大井、西黑山和将军庙)、伊犁、吐哈、库拜	科学规划,把握节奏,梯级利用;超前做好矿区总体规划,合理把握开发节奏和建设时序,就地转化与外运结合,实现煤炭梯级开发、梯级利用
14	宁东基地	0.8	石嘴山、石炭笋、红墩子、灵武、鸳鸯湖、横城、韦州、马家滩、积家并、萌城	稳定规模,就地转化,区内平衡

煤炭资源在我国能源消费结构中占比高,是非常重要的组成部分。自中华人民共和国成立以来,全国各类煤矿累计生产原煤超过 1000 亿 t,有力地支撑了我国国民经济的增长,为社会的快速发展做出了巨大贡献。同时,随着国家经济高质量发

展和矿区生态环境保护要求的提高，对于煤炭产业转型升级的需求也在不断增强。

据相关数据统计，我国煤炭能源消费占比从 2011 年的 68.4%下降到 2021 年的 56%[图 1-2(a)]，但原煤产量并未随之下降，在 2021 年原煤产量突破 40 亿 t，达到 41.3

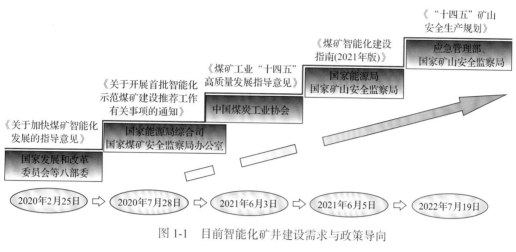

图 1-1 目前智能化矿井建设需求与政策导向

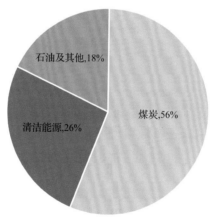

(a) 2021年煤炭消费占比

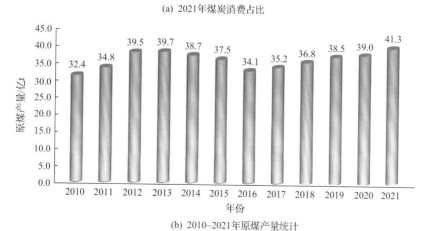

(b) 2010~2021年原煤产量统计

图 1-2 煤炭消费量占比及近年原煤产量统计

亿 t，创历史新高［图 1-2(b)］。从我国拥有和可能利用的能源资源类别与分布出发（图 1-3），结合目前国内经济发展和政策调整，原煤产量在未来一段时间内还将保持在相对较高的水平，煤矿集成化开采规模还会进一步扩大。因此，煤炭资源开发大规模化、基地化，以及由浅部向深部发展是未来煤炭工业发展的客观必然趋势。

煤炭作为国家能源安全和国民经济命脉的重要基础产业，其经济平稳运行关系到能源供应安全和经济社会持续稳定健康发展。正是因为煤炭工业的贡献，才铸就了我国经济的高速发展。为使煤矿开采健康发展，不仅要加强宏观调控，还要根据我国化石能源赋存特征及煤炭资源可持续开发利用需求，提高煤炭开采安全保障水平，形成契合我国煤矿发展的地质保障技术，这是目前矿井生产必不可少的工作。特别是随着煤炭资源开发战略性西移与东部矿区进入深部开采，煤炭资源开采面临多重未曾遇到的难题。煤层开采过程中，冲击地压、地热、煤与瓦斯突出、矿井水害等多灾源事故时有发生，因此，开展防灾、减灾测试技术创新与研发对指导矿井安全生产至关重要。

1.1.2　研究意义

煤层开采后围岩原始应力场的平衡状态被破坏，引起围岩应力重新分布，导致煤层顶底板以及巷道围岩发生明显的变形破坏。采场上覆岩体会出现变形、移动、离层、断裂、垮落等，进而在煤层顶板形成垮落带、导水裂隙带及弯曲下沉带；煤层底板岩层则会向上运动产生底鼓，部分岩层还会产生离层和断裂，若底板存在灰岩承压含水层，矿井则会受到底板灰岩水的严重威胁；采场围岩应力场的重新分布同样会破坏巷道围岩内部结构，进而改变巷道内支护结构的受力情况，严重时则会破坏支护结构，造成巷道围岩变形。这种围岩变形与破坏给矿井工程及环境带来的损害层出不穷，轻则损害设备正常运行，重则危及井下工作人员的生命安全。

无论是顶底板还是围岩变形，其在时间和空间上都是一个非常复杂的过程。在时间上，围岩变形移动的程度与形式在不同时间是变化的；而在空间上，随着采动波及范围由近到远，顶板岩层破坏、巷道围岩变形以及底板破坏发育等特征各异。因此，精准认识深部煤炭资源开采所导致的围岩变形与破坏规律是进行科学采矿、岩层控制和水害防治等的基础。

目前，生产实践中采用了多种类型的围岩变形与破坏观测手段，但多是采集岩层破断后的静态数据表征，而无法捕获岩层破断发育过程中的全时段信息从而对岩层条件进行全面、实时、高分辨监控，难以满足现代化矿井的智能化发展需求。开展采场围岩变形破坏高分辨实时监测等方面的方法技术研究至关重要，对煤矿生产实践具有重要的指导价值。

采场围岩变形与破坏的采前、采中和采后全程高分辨监测及判识理论研究亟待加强。煤层工作面开采过程中围岩发生变形乃至破坏，其动态效应特征显著。受技术本身条件所限，现有手段中单一方法、单个参数信息的技术应用，未能有效揭示

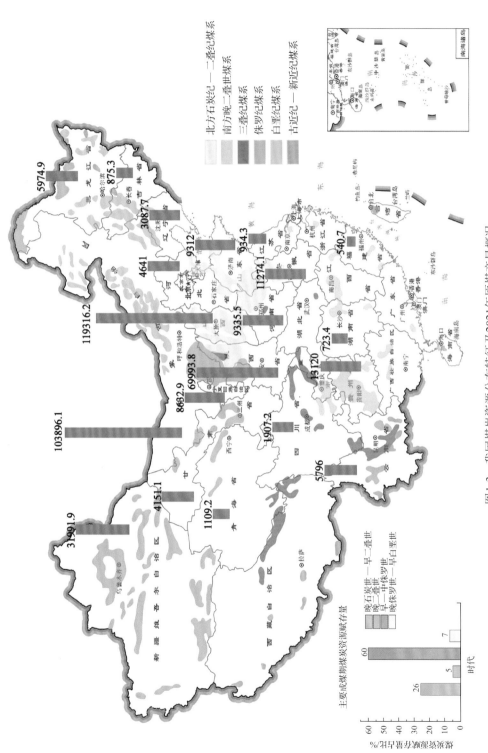

图1-3 我国煤炭资源分布特征及2021年原煤产量概况

图中只列出了2021年原煤产量500万t以上省份(单位：万t)

岩层受采动影响引起的多种地球物理场发生响应的机制及演化规律，对致灾因素判断的量化程度及前兆预报能力不足，需要进一步开展围岩变形破坏演化全程地球物理多场多参数测试的基础理论研究，准确掌握岩层破坏状态及其相关的地球物理场参数判断规则，才能有效确定其破坏的位置及状态特征。

开展采场围岩变形与破坏范围的探查工作，是进行采场稳定性评价、预防矿山灾害、保障矿井安全生产的一项重要技术措施。现有探查技术手段主要包括直接法和间接法两类，其中直接法是利用钻探手段通过施工揭露、岩心采取、井中地球物理等方式观察判断，间接手段多是采用地球物理类技术获取采场围岩变化后的静态数据进行分析判断，其结果难以把握岩层变化的过程参数，不利于对相关地质灾害的监控与防治。总的来说，围绕着岩石变形破坏所产生的灾害多由岩层破断垮落、岩层裂隙导水、岩层受力不均等引起，因此通过观测地下介质的应变场、地电场、渗流场等信息可以对岩层裂缝发育、导突水状态等进行判断。据不完全统计，2017年至2021年五年内全国煤矿伤亡事故中，仅是围岩变形破坏导致顶板及水害所造成的安全事故数量占比超过 1/3(图 1-4)。开展采场空间围岩体变形破坏的测试研究，对防灾、减灾、保护人民生命安全和国家财产安全尤为关键。

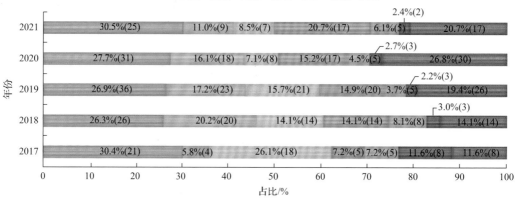

图 1-4　2017～2021 年煤矿安全事故统计

图中括号中的数据表示事故数量

综上，通过测试获得开采煤层工作面周边岩层变形破坏动态演化参数与特征，分析顶、底板及巷道周边岩层破坏发育情况，指导矿山安全生产、压力与岩层控制及水害防治工作，进而实现矿井资源的安全、高效、绿色、智能开采，对高效开发煤炭资源，有效防控冲击地压危害，安全开展"三下"煤炭资源利用，实现煤炭资源绿色、可持续发展有着非常重要的指导和实践意义。同时，为加快推进煤炭行业改革，破解资源环境约束突出难题，助力"双碳"工作开展，对推动区域经济发展和维护社会稳定具有重大意义。

1.2 影 响 因 素

煤炭资源开采实施的诸多地下工程,都需要对井下空间结构进行改造。在采掘影响下,岩体原始地应力状态发生改变,会达到新的受力平衡。因此,采场周边空间范围内的岩体就会发生变形、移动,甚至破坏。岩体达到新的受力平衡的过程是从矿井建设开始至可开采储量全部采出后一个长时期的全过程,所以对采场围岩变形与破坏的测试需要考虑过程中的影响因素。这些因素使得围岩变形破坏的形态、分布及特征十分复杂,难以建立统一、有效的数学模型。归纳起来,其主要的影响因素可分为地质因素和开采因素两大类,现分别述之。

1.2.1 地质因素

地质因素主要包括煤系及其上覆岩(土)层的岩性、岩相特点,岩(土)层的工程地质组合,岩土物理力学性质;岩体初始地应力场问题;岩体的结构特征及岩体的力学属性;开采土体移动有关的土力学问题等。它们所涉及的学科领域很广、很深,限于篇幅,作者仅从煤层所属地质因素角度出发予以简要介绍。煤层所属地质因素通常有:煤层埋深、可采煤层的开采厚度、煤岩体强度、地质构造、地下水赋存环境以及地应力等在内的成煤环境。

煤层埋深越大,矿山压力越大、地质因素越复杂,围岩变形破坏的程度也会随之增加,不同埋深条件下围岩移动变形差异性显著。同时,大埋深还会带来高地热的影响,巷道和采场附近软岩蠕变更加明显,硬岩抗破断性能达到极限后会出现突然断裂。而且煤层埋深增加后,常规测试技术手段的局限性凸显,煤层开采时初次来压和周期来压都会受到影响。

可采煤层的开采厚度越大,煤层采出后地下空间释放越大,对围岩的扰动范围和程度都会越大,岩体运移的程度也相对越明显。并且,大采高条件下,冲击地压、煤与瓦斯突出和两带发育高度特征及发生条件也会随之改变。不仅如此,大采高条件下开采工艺、支护方法的改变也会对采场围岩移动变形产生巨大的影响。

煤岩体强度是围岩变形的内在物性条件,岩层移动过程中,硬岩层起着相对制约作用,但其脆性较强,受力超过岩体强度时,易于开裂;软岩层塑性变形较强,在一定程度上容易发育裂隙。岩体厚度以及岩层组合也是影响围岩变形的因素,不同岩性特征在变形破坏特点上大不相同。

地质构造情况复杂、断层发育情况下,围岩体的稳定性差。地质构造会直接影响采区分布,影响巷道和工作面的布置,同时还会造成应力集中或者岩体破碎,存在安全隐患。并且断层、褶皱、节理等构造的存在,对采区煤层的主要影响不仅表现在围岩应力空间分布差异上,更重要的是构造影响下导致岩体破坏特征不同。

地应力在矿井开采中通常称为原岩应力,是引起采场围岩变形破坏的原始动力,也是确定巷道和采场最佳断面形状、断面尺寸等参数的重要参考依据，往往是采场和巷道稳定性的主要影响因素。原岩应力在煤矿建设前即存在，在工作面回采过程中顶板下沉量大、巷道片帮、支架顶梁弯曲与扭曲等都与原岩应力相关。并且矿压控制首先需查明地应力情况，准确把握地应力的特征及其对巷道、采场的影响。

总的来讲，我国煤炭资源在成煤环境、地质构造、煤岩体赋存状态与性质等方面存在很大的差异性，造就了不同矿区甚至是同一矿区不同采煤工作面采场岩层变形、破坏特征规律存在差异。因此，采场围岩变形破坏的形态、采场应力分布、围岩破断条件及岩层运移特征等也是复杂多样的。

1.2.2 开采因素

地下岩体稳定性受到外界扰动的影响因素主要是巷道掘进和煤层开采，即开采因素。开采因素又包括采场规模、煤层工作面的开采速度、巷道空间断面、矿井采动空间支护形式等。采场规模越大，采场周边空间围岩稳定性受到的影响越明显；巷道空间断面主要影响巷道周围岩体的受力情况；煤层工作面的开采速度越快，会使岩体破断跨距增大，对围岩的稳定性影响也就越大，更容易衍生开采动力地质灾害；矿井采动空间支护形式的合理选用对于围岩保持稳定性有着明显的促进作用。开采因素导致的安全事故往往不具备规律性，是一个动态的变化过程，也是未来智慧工作面三维透明化亟待解决的技术难题。

随着我国煤炭资源开采的深部化发展与战略性西移，既有的一些岩层变形破坏测试理论与技术适应性不足，难以满足新型条件下煤炭资源开发与利用需求。以中国矿业大学、中国矿业大学(北京)、重庆大学、太原理工大学、安徽理工大学、山东科技大学、西安科技大学、中国煤炭科工集团有限公司等为主的一些高校科研院所，围绕采场围岩变形破坏的测试技术开展了大量研究工作，为煤炭资源安全开采提供了良好的科研理论基础和技术支撑。

1.3 技术发展现状与分析

2022年，我国露天煤矿涉及产能超过10亿t，绝大部分煤炭资源依然是采用井工开采的方式生产。在井工开采过程中，通常将赋存于煤层开采空间周边的岩层统称为采场围岩(图1-5)。煤层采出后，采场周边的岩层由于其原有的应力平衡状态被打破，会发生变形、破坏、运移等一系列现象，直至再次达到新的平衡状态。开采空间周边围岩状态的改变会形成隐蔽致灾问题，对矿井的安全生产造成影响，如采场空间范围内岩体的变形、破坏、运移不仅仅会引发离层、破断、垮塌，诱发片帮、底鼓、顶板冒落、冲击地压等灾害事故，还可能会导通顶底板含水层，形成导水通道，引发矿井水害事故。特别是在利用垮落法处理采空区时，往往地层的沉降还会引发地表沉陷、地下水系失稳、底板突水等一系列环境地质问题。

第1章 绪 论

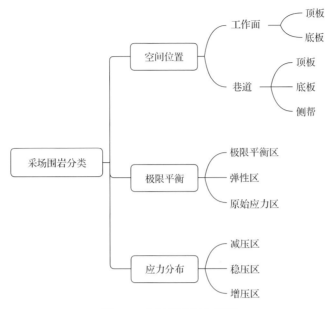

图 1-5 采场围岩划分类别

　　研究采场围岩变形与破坏的目的是指导矿井安全生产，为矿产开发利用以及矿区生态环境治理提供科学的参考依据。本书重点根据采场围岩空间位置分类开展论述。目前，围绕采场围岩变形破坏所开展的研究方法主要包括原位探测技术、数值模拟、相似模型试验等。科研工作者通过对采场围岩的破坏形态、特征及规律进行测试与模拟，取得了丰富的技术成果，这些研究成果为指导我国条件类似矿井的安全生产做出了巨大的贡献。其中数值模拟和相似模型试验的优点是操作便利、测试结果获得较快，适用于影响因素少、地质条件简单的煤层。但是，二者在模拟复杂地质条件的围岩变形破坏特征方面所取得的结果往往不全面，如果参数获取上出现错误，将会出现较大的偏差结果。原位探测技术的发展起步最早，其所获得的测试结果真实可靠，得到大家的普遍认可，是目前采场围岩变形与破坏测试广泛采用的研究方法。

　　经过数十年的发展，采场围岩测试技术已经成为采场矿压、采场围岩控制、顶(底)板破坏高(深)度等参数获得的重要手段之一。原位探测技术经历了从单一钻孔测试发展到钻孔测试与地球物理探测技术相结合，以及多场、多参数测试技术综合测试的发展历程，测试技术水平及精度得以显著提高。伴随着各类测试技术、传感装置的发展，采场围岩测试技术也表现出向快速评估、动态评估、综合评估、预警预报发展的趋势。

　　由于受开采方式、地质条件、测试环境和自身数据采集、处理、解释等影响，不同测试技术存在各自的优劣势。在不同矿区煤炭资源开采中，会采用多种测试技术相结合的研究方法，来对采场围岩的变形破坏进行评价。本书通过现有资料及参考文献的检索，梳理了不同采场围岩变形与破坏测试技术的发展历程，结合采场围岩变形破坏测试技术在顶底板、巷道两帮空间测试的工程应用实例，将现有测试技术大体分为钻孔测试技术、地球物理探测技术、光纤测试技术和其他测试技术四大类。表 1-2 按照测试技术的实施方式对不同测试方法及其原理、适用条件等进行了分类。

表 1-2　矿山采场围岩变形与破坏测试技术

方法分类	测试方法	方法原理	适用条件
钻孔测试技术	钻孔冲洗液测试	岩体裂隙发育，渗透性发生变化，通过记录注入冲洗液量或者注水量的变化进行评价	测试位置原始地质条件裂隙发育少、无断层、无溶洞等
	钻孔注水观测		
	钻孔电视观测	表征岩体裂隙发育，可以通过影像直观地反映钻孔穿过地层的原生和采动裂隙发育情况	测试位置原始地质条件不存在软岩流变等情况；钻孔塌孔严重则不适用
地球物理探测技术	电法勘探技术 高密度电法	岩体变形破坏后，发生破断、离层等情况，裂隙发育，岩体状态发生改变，使得电阻率发生改变，通过测试煤层采动前后岩体视电阻率对比情况进行评价	地面测试主要探查浅部的煤层开采围岩；井下测试区域避免电场干扰
	大地电磁（MT）测深法		对测试环境地形、地质条件要求不高，测试过程中要求测试环境无离散电流和高压线路影响
	瞬变电磁法		受测试深度影响，地面测试主要为浅部；井下测试区域避免或减少电场、金属场干扰
	网络并行电法（NPEM）		测试方法适用性强，对场区环境要求低，不受地质条件形态影响
	层析成像技术 电磁波计算机断层扫描（CT）法	利用岩体破坏后破坏区域岩层存在电性差异进行测试，测试过程中表现为电磁波能量的耗散	测试方法适用性强，对场区巷道支护、地形环境要求低，不受地质条件形态影响
	震波 CT 法	通过人工激发方式产生弹性波，测试其在岩体破坏前后的波速及衰减特性	
	声波测井技术 声速测井	围岩破坏后，声波在岩层内的传播速度发生变化，岩体裂隙越发育，波速越小	测试不受井眼、井内泥浆矿化度影响，解释结果须结合地质情况进行分析
	超声波电磁测井	岩体破坏变形会通过钻孔壁表现裂隙特征，通过反射电磁波，形成显现图像	测试可以在泥浆或者浑水中进行，不受钻孔条件影响
	地震勘探技术	围岩破坏后地层岩石的弹性参数发生变化，通过人工接收变化后的震波参数进行分析	测试不受地质条件影响，主要须提高有效信号分辨能力，降低噪声影响
	微地震监测方法	岩体破裂时产生较弱的地震波能量，通过获取微地震事件数、能量数等来判定	适用性不受环境、地质条件影响，主要为测试现场的合理布置，以实现信号快速、高精度拾取
光纤测试技术		岩体在变形、破坏和移动过程中，原岩物性改变产生裂隙压缩或拉伸情况通过光纤应变值判断	测试方法对测试环境、地质条件状况无要求，适合长期、动态监测
其他测试技术	锚杆位移观测法	煤层采出后，采场围岩受力平衡被打破，巷道空间断面发生相对位移	通常于井下观测，施测位置岩体破碎发育不适用
	液压支架阻力技术		通常于井下液压支架布设观测系统，不受围岩地质条件限制
	其他巷道断面测量技术		不受测试环境条件限制，测量可能受到测试仪器及操作人员经验的影响

1.3.1 钻孔测试技术

钻孔测试技术是采场围岩破坏变形观测、评价中采用较早的方法之一，也是测试技术发展过程中应用最为广泛的方法。钻孔测试技术主要采用钻孔冲洗液测试方法、钻孔注水观测法、钻孔电视观测法三种。

1. 钻孔冲洗液测试方法

钻孔冲洗液测试方法一般在地面设置观测钻孔，观测钻孔施工深度通常达到煤层顶板，在煤层开采过后一定时间内施工并测定钻孔冲洗液的消耗量，用以判定顶板岩层导水裂隙带发育高度。该方法实施的示意图如图1-6所示。冲洗液消耗量测试一般以一个固定时间间隔 T_1 为判据进行一次观测，当冲洗液消耗量有明显增加时，加大观测频率，时间间隔为 $T_2(T_1 > T_2)$，直到冲洗液全部耗尽为止。由于钻孔冲洗液测试方法为采后采场围岩观测，在打钻中还需要记录卡钻、掉钻的情况。对于采场围岩变形破坏的测试依据是：当记录冲洗液使用量有明显增加时，确定导水裂隙带发育高度；当冲洗液全部漏失，并出现卡钻、掉钻现象时，确定垮落带高度。最终可以通过绘制冲洗液消耗量曲线图(图1-7)，得出该钻孔测定的垮落带、导水裂隙带发育高度，形成采场围岩变形、破坏的评价结果。随着其他测试技术如地球物理探测技术的发展，钻孔冲洗液测试方法也逐步朝着一孔多用的方向发展，不断形成以钻孔为基础，结合多技术实现采场围岩变形破坏的综合评价、采前采后测试资料的动态对比。特别是与钻孔注水法及地球物理探测技术联合应用的多方法综合取得明显的地质效果。

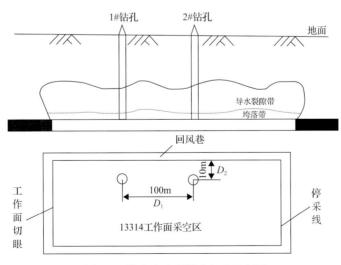

图 1-6 钻孔冲洗液测试方法示意图

D_1-钻孔间距；D_2-钻孔与风巷距离

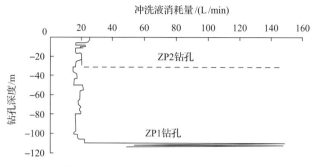

图 1-7　钻孔冲洗液测试方法结果成图

　　钻孔冲洗液测试方法是大家公认的、有效的、可靠的实测方法，可以实现对工作面采后采场围岩形态的直接观测。但是由于钻孔冲洗液测试方法为地面测试，钻进过程中更容易受到地质条件、钻进技术、操作人员经验的影响，如遇到断层、溶洞、含水地层或者岩体裂隙发育的地质条件下，测试结果会出现不准确的情况。再者，由于顶板岩体在煤层开采后垮落、压实、稳定，需要钻孔施工时间与开采时间相匹配，才能获得准确的结果，否则会出现偏小的测试结果，无法获得准确的最大垮落带、导水裂隙带发育高度。而且实施地面钻孔时，往往会因为钻孔深度大、地面施工干扰多，再加上考虑成本、钻进工艺等影响，出现废孔或者最终测试结果出现较大差异。随着煤炭资源开采不断向深部延伸，部分矿区井深超过千米，地面钻孔施工深度与难度也增加。这样一来，钻孔冲洗液测试方法不利于实现对采场围岩破坏规律的整体把握。钻孔冲洗液测试方法在顶板变形破坏测试中应用最多，具备很好的适用性。其在应用过程中受开采条件限制较少，不同的倾角煤层、不同矿井开采方式下都可以采用这种方法来获得较为准确的测试结果。钻孔冲洗液测试方案评价中，当遇到采场围岩岩体较软时，其探测成果不能完全反映真实情况，需要利用钻孔的岩性特征分析，辅以地球物理探测技术进一步提高测试精度。

　　2. 钻孔注水观测法

　　钻孔注水观测法是继钻孔冲洗液测试技术之后发展的一项新技术。该技术方法在井下采空区附近或者工作面外侧通过巷道或者硐室，向工作面内的斜上方施工小口径倾斜钻孔，钻孔设计长度需要超过理论计算的垮落带高度、导水裂隙带发育高度或者于工作面上方施工向下的垂向钻孔进行测试。钻孔注水观测法通常采用注水、通气方式，在钻孔双端堵水器辅助下逐段封堵气囊注水或者充气，之后在封堵段内注入带压水，测定一定时间 T，之后对封堵水/气囊进行泄压，向钻孔的下一段移动封堵装置，测试下一段注入水的漏失量，依次完成钻孔测试范围内水的漏失量测试。其测定依据同钻孔冲洗液测试方法相近，当钻孔封堵段的注水量显著增加时，确定垮落带、导水裂隙带发育高度，最后通过统计、汇总钻孔深度不同位置注水量、水压曲线等参数，进而评价采场围岩变形破坏形态。几种不同钻孔注水装置见图 1-8。

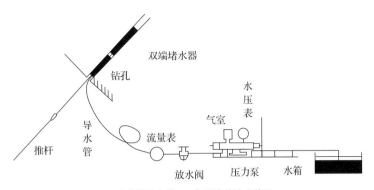

(a) 山东科技大学1990年研发的注水装置

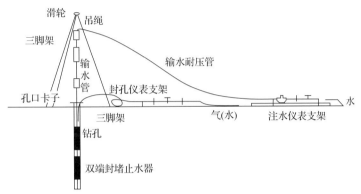

(b) 山东科技大学1999年改进的注水装置

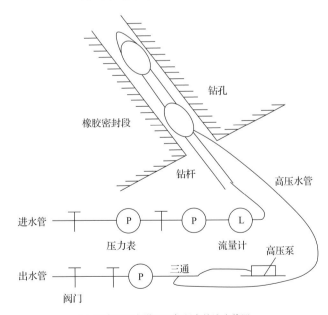

(c) 河南理工大学2014年研发的注水装置

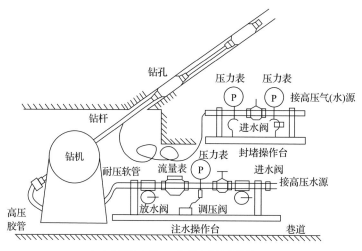

(d) 山东科技大学2015年研发的注水装置

图 1-8　几种不同钻孔注水装置说明

　　钻孔注水观测法具有易操作、工程量小的优点，是一种成本低、观测数据可靠的测试方法。并且钻孔注水观测法能够充分利用现有巷道，测试资料准确、工期短、钻进工艺要求低，具有很好的适用性。这也使得该技术在实际操作中成为继钻孔冲洗液测试方法之后被广泛认可与推广的测试技术。钻孔注水观测法可以通过选择井下钻孔施工位置、注水时间实现工作面回采前-中-后的围岩破坏测试，实现对导水裂隙(导升)带发育形态的初步判断(图 1-9)。其不足之处是，与钻孔冲洗液测试方法相近，钻孔施工质量及地质条件对于测试结果影响较大，遇到裂隙发育或者富水较强地层、断层等，往往会影响测量结果。钻孔注水观测法几乎可以适用不同煤层赋存形态下的采场围岩破坏测试，而且还能够避免地面钻孔施工所涉及的一些征地或者天气干扰问题，为矿井在顶底板岩体破裂演化规律研究提供了可靠的数据。因此，该技术方法在诸多矿区得到推广应用。

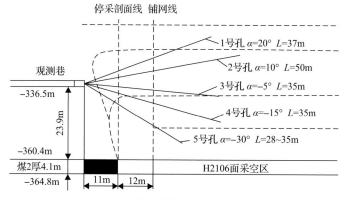

(a) 钻孔注水观测法钻孔布置示意图

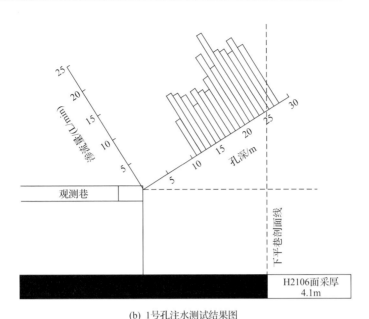

(b) 1号孔注水测试结果图

图 1-9 钻孔注水测试说明

α-方位角；L-长度

3. 钻孔电视观测法

钻孔电视观测法是应用摄像技术在钻孔内部通过成像观测钻孔周边介质的一种方法。钻孔电视观测法可实现钻孔测试范围内原位扫描，其采集的数据结果与电视图像类似。该系统通常包括观测摄像探头、系统控制器、专用绞车、传输线缆、显示器、光源等设备，可以根据摄录钻孔情况，直接在显示器上进行显示。根据图像的形态、颜色等信息识别地质构造及孔内岩层状态参数。从观测探头拍摄方式来看，该方法分为旋转式和全景式，其中旋转式是以一个固定角度进行旋转，其图像捕捉精度高，对于钻孔内部细节观测更为精细，而全景式观测效率高，可以实现全孔图像的实时拼接。钻孔电视观测法可以辅助判断岩层产状、岩性分布、构造发育、岩层出水出气等情况。

在采场围岩变形破坏测试中，钻孔电视观测法可以通过井下或者地面钻孔实施。随着仪器设备不断更新、完善，钻孔电视观测法多采用井下观测方式。井下钻孔施工难度、长度、观测都比地面钻孔具有优势。钻孔电视成像技术弥补了钻孔冲洗液测试方法、钻孔注水观测法测试结果不直观的不足。它通过在钻孔内直接观测，形成图像显示，直接表现井壁原位岩性变化形态、构造裂隙、断层岩溶和隐伏于孔壁外的岩体信息等，获得的图像数据具有直观、可视化、色彩丰富、清晰精确、观测密度高和方位覆盖率大等特点，使工程勘测钻孔的有效信息大量增加，提取的数据信息更易于接近目标(图 1-10)。钻孔电视观测法是首次实现采场围岩变形破坏的影像形态观测方法，其不足是往往受制于成孔及成孔后钻孔质量影响，塌孔严重的钻孔测试效果较差。钻孔电视观测法在观测过程中还需要钻孔中有空气或者清水，否则观测效果较差。同时，在软弱地层及富水地层中钻孔电视观测法的测试效果也会受到影响。

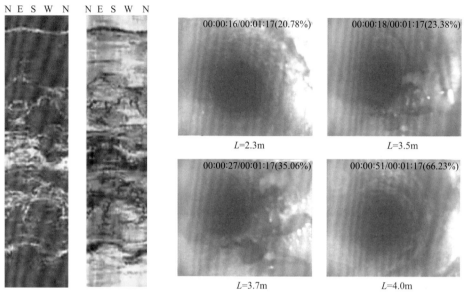

图 1-10　钻孔电视成像测试结果

L-深度

1.3.2　地球物理探测技术

　　地球物理探测技术在工程勘查中应用广泛。在采场围岩变形与破坏测试中，由于受到测试环境、勘测深度以及仪器设备、数据处理解释等影响，发展起步相对较晚。但是地球物理探测技术通常都具有施工方便、检测快速、成本较低的优点。在采场空间煤层采出后，采场围岩体的形态、结构、赋存、应力状态等都发生变化，即采场围岩体的物理性质在变形破坏过程前后会发生变化，这为地球物理探测技术提供了良好的物性基础。因此，地球物理探测技术在采场围岩变形破坏测试中应用发展迅速，逐步成为煤炭资源安全开采中开展防灾减灾、预防事故的一类测试方法。

　　随着我国工业发展的加快，煤炭资源开发利用程度不断提高，与之伴生的顶板事故、透水事故、冲击地压、煤与瓦斯突出等威胁在煤炭开采中频发。一些科研工作者考虑到将地球物理探测技术用于采场围岩变形破坏观测中，同时也开展了大量的研究工作。在 20 世纪 80 年代，许多地球物理探测技术方法和设备逐步被引入用以探测采场围岩破坏，这些技术方法大多是从水利工程、石油工程、岩土工程领域延伸而来的，在技术上的革新相对较少，通常是直接应用，而专门针对煤炭开采过程中顶板变形的地球物理探测技术不多，而且井下特殊的环境空间和介质条件致使地球物理场理论不能与之完全适用。经过十余年的发展，到 90 年代前后，许多科研工作者针对煤炭开采特殊的地质环境、安全问题等创新开发了一系列测试技术与系统。关于采场围岩变形与破坏的原位测试技术也逐步发展、完善、丰富起来。近年来，对采场围岩变形破坏测试技术所涉及地球物理探测技术进行梳理，按照测试方式可以划分以下几类：电法勘探、层析成像、综合测井、地震勘探、微地震监测等方法。

1. 电法勘探技术

在矿山采场围岩变形破坏中电法勘探的物理基础是采动过程中岩层发生形变，产生破断、裂隙，或者富水地层中岩体含水率在煤层开采前后发生变化等，会使得岩体电阻率发生变化。电法勘探通过测试视电阻率或者反演获得电阻率变化来判别采场围岩变形破坏情况。目前，电法勘探中用于采场围岩变形破坏测试的技术主要有：高密度电法、大地电磁测深法、瞬变电磁法、网络并行电法等。

1) 高密度电法

高密度电法的基本理论与传统的电阻率法基本相同，所不同的是高密度电法在观测中设置了较高密度的测点，集电剖面和电测深于一体，可以进行二维地电断面测量。高密度电法的物理前提是地下介质间具有导电性差异，采场围岩的变形破坏使得上采场围岩层在工作面开采前后发生明显的变化。和常规电阻率法一样，它通过 A、B 电极向地下供入电流 I，然后在 M、N 极间测量电位差，从而求得该记录点的视电阻率值；再根据实测的视电阻率剖面进行计算、处理、分析，便可获得采场围岩破坏的电阻率分布情况，从而划分地层、圈闭异常，确定垮落带高度和导水裂隙带发育高度等(图 1-11)。采用高密度电法观测时，可采用温纳、偶极等装置方式。

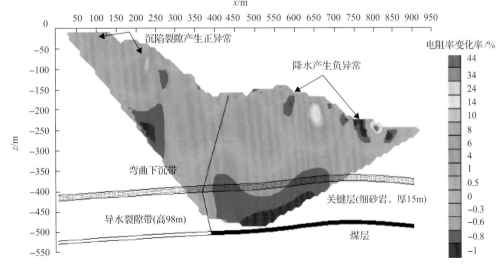

图 1-11 高密度电法地面测试效果图

高密度电法提供的数据量大、信息多，并且观测精度高、速度快，探测的深度较为灵活。探测的结果是二维剖面，对垮落带、导水裂隙带、弯曲下沉带的发育形状均有可视化反映，结合钻孔地质资料与地层产状，就能得到相对可靠的评价采场围岩变形破坏的结果。在实际检测中，可根据工作面走向进行测线布置，开展工作面回采过程中采场围岩的动态数据采集。但是，对于高密度电法应用而言，受到测试装备和测试方式限制，很少在井下开展测试。因此，高密度电法钻孔测试的数据量较少，并且由于受到巷道空间以及地电场全空间效应的影响，其对于异常区域判别有时在范围圈定上会存在误差。

2) 大地电磁测深法

大地电磁测深法最早是应用于石油勘测、水电工程勘查、金属找矿等领域。大地电磁测深是基于天然电磁场为场源来研究地球内部电性结构的一种重要的地球物理探查手段。该方法采用天然场源，同时配置了磁偶极子发射源，发射频率从500Hz到100kHz，以弥补大地电磁场的寂静区和几百赫兹附近人为造成的电磁干扰谐波，也称为双源大地电磁测深系统。它通过观测两个正交电场分量和磁场分量的变化，根据测区内视电阻率的变化情况，达到勘测地下异常体的目的(图1-12)。美国EMI公司研制出的EH-4电导率张量测量仪，被用于工作面采后采场围岩变形破坏测试。

实际探测表明：大地电磁测深法基于水平介质的反演成像，适用于处理变化相对平缓的原始地层，其在煤矿采动后的采场围岩破坏探查中效果非常明显，特别是对于测线长度范围较大的采空区上采场围岩层的测试效果很好。采场围岩变形破坏探查中，影响EH-4电导率张量测量仪探测地质效果的主要因素是地下离散电流和地面高压线，其他影响因素都可以采取一些相应的技术措施，在一定范围内予以消除或消减其影响程度。综合而言，大地电磁测深法在采场围岩破坏探查中设备比较轻便、灵活，对地形条件要求低，能够适应地表地形复杂区的煤矿测量，地面勘测深度达到1000m。其应用成功与否，除了取决于数据采集质量，还需要减少被测对象外界环境噪声干扰。对于大地电磁测深法而言，其体积效应以及反演的不确定性仍然存在，并且其在纵向分辨能力上依然对探测深度有一定的局限性。因此，大地电磁测深法在采场围岩变形破坏探查中有应用，但后期的推广应用相对较少。

3) 瞬变电磁法

瞬变电磁法是时间域电磁探测方法，分电场源和磁场源两种。在采场围岩探测中常使用到的是磁场源方法。磁场源方法是通过向地面或者朝向被测对象面布设不接地矩形或正方形回线(或称发射线圈)发送双极性矩形(或其他周期性波)交变电流，在电流开启和关断时，感应生成脉冲磁场，磁场向地下衰减并由于介质的感应作用，生成涡流和感应磁场，这种感应磁场包含了地下介质的丰富信息，在接收机接收磁场随时间的变化，达到探测的目的。瞬变电磁法在采场围岩变形破坏探测应用中，既可以采用地面探测形式，也可以采用井下探测形式。地面探测时采用大型矩形线

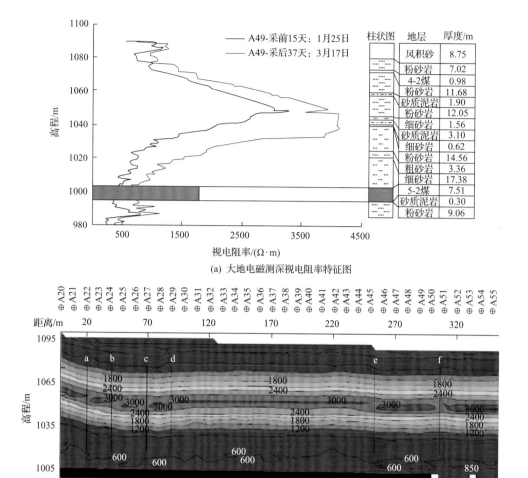

(a) 大地电磁测深视电阻率特征图

(b) 大地电磁测深视电阻率反演特征云图

图 1-12 大地电磁测深测试效果图

框平铺于地面，测试被测区域采场围岩采后变化趋势。井下探测常采用小线框采取指向性的探测，获得被测区域采场围岩的变形破坏情况。

瞬变电磁场区域效应明显，其在采场围岩变形与破坏探测中，可以大致圈定采场围岩的运移范围。但是，瞬变电磁法容易受到测试环境的电磁干扰以及探测场区域金属等强导体影响。同时，还受到关断时间影响，探测深度存在局限性，其在探测结果上受到半空间地电场影响，测试结果体积效应比较明显。在一些环境条件、数据处理、解释不完善时，不能根据瞬变电磁观测结果直接推断出采场围岩垮落带及裂隙发育情况。特别是破坏岩体的含水率无明显变化时，瞬变电磁法对于围岩体变形特征的视电阻率响应程度不足，致使分辨率降低，甚至出现测试多解性。

瞬变电磁法受益于其测试方式，在采场围岩破坏探查中表现出方向性好、探测深度大、信息丰富、投资小的优点，是一种采场围岩破坏探测新思路，其定向测试及测试结果如图 1-13 所示。但是，其装置、方法本身沿用传统视电阻率算法，对于异常区的识别还存在多解性，体积效应较大的问题，因此在采场围岩变形破坏探查中难以实现高精度测试。对于发射、接收装置如何能够有效反映岩体裂隙场导电特性的问题，以及数据处理、反演依然还需要进一步探讨。因此，采场围岩变形与破坏探查中瞬变电磁法适用性略微差些，相关的研究内容还需不断丰富。

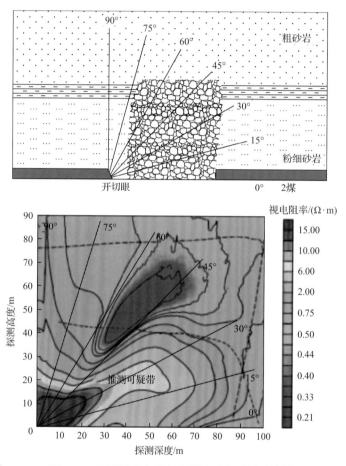

图 1-13　井下瞬变电磁定向测试示意及测试结果

4) 网络并行电法

网络并行电法是区别于传统高密度电法的一种阵列式直流电法数据采集的测试技术。其勘探原理同常规电法测试相同，但其有着集电测深和电剖面于一体并结合资料自动反演处理的综合优势。网络并行电法采集方式突破传统常规电法、高密度电法的采集观念，在灵活的系统方式下可以支持任意观测系统提取任意组合电位。网络并行电法仪器是从电法勘探软件、硬件全面考虑，以现代电法勘探理论为基础，进行了电法仪器开发。网络并行电法系统借鉴地震勘探中的单点激震原理，采用拟地震道记录的采集数据方式，并通过电极对大地提供供电信号实现测量。该系统常用的布置方式有以下几种：井下单孔布置、井下孔巷布置、井下跨孔布置、地面单孔布置以及地面跨孔布置等。

网络并行电法探测过程具有工程施工简单、观测范围大、经济快捷的优点，能够通过采场围岩物性变化特征，评价采场围岩体的电阻率变化情况，进而有效探测、圈定采场围岩的破坏范围。网络并行电法改善了原有的以静态为主的测试方式，通过对钻孔的合理布置，能够在采动过程中进行动态探测，形成监测数据。井下测试采场围岩变形破坏开展起来，施工难度、技术要求、采集效率、工程成本较地面都要小很多。因此，目前网络并行电法大多在井下开展相关测试，地面开展的测试内容还不多。但是，地面测试数据相比较井下测试，数据体更为丰富，对采场围岩变形破坏反映得更为精细，成果可靠性更强。科研工作者通过大量的工程实例和相关实验研究构建了在采场围岩变形破坏与电阻率变化响应特征之间的基本联系。单孔并行电法测试视电阻率结果、跨孔并行电法探测结果、底板随工作面推进视电阻率剖面、地面并行电法探测效果如图1-14～图1-17所示。网络并行电法在采集海量数据深度利用、破坏判断电性参数阈值及视电阻率反演优化等方面仍需得到深入研究。

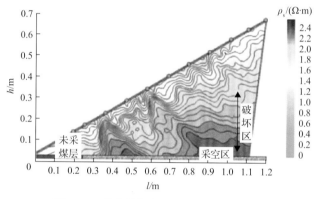

图 1-14 单孔并行电法测试视电阻率结果

h-高度；l-距离；ρ_s-视电阻率

2. 层析成像技术

层析成像技术借鉴了医学 CT 技术，是通过井间扫描观测，对所得到的信息进行反演计算，重建被测范围内岩体弹性波和电磁波参数分布图像，从而达到圈定地质异常体的一种物探反演解释方法。根据探测地球物理场的差异，层析成像又分为电磁波层析成像和弹性波层析成像。前者主要是指速度层析成像，利用波在岩土体介质中的走时，后者则利用电磁波能量被介质吸收后的场能。被探测对象体与周边介质存在电性或波速差异，具有电性差异的应选用电磁波 CT，具有波速差异的宜选择声波 CT 或地震波 CT；同时存在电性和波速差异的可根据条件选择其中一种；当条件复杂时，可同时采用两种 CT 方法。成像区域周边至少两侧应具备钻孔、探洞及临空面等探测条件。被探测目的体位置相对位于扫描断面的中部，其规模大小与扫描

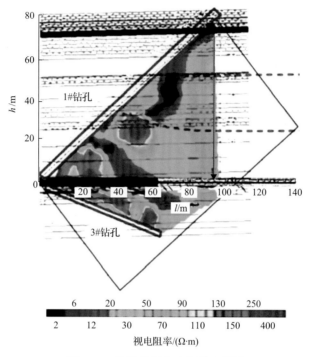

图 1-15　跨孔并行电法探测示意图

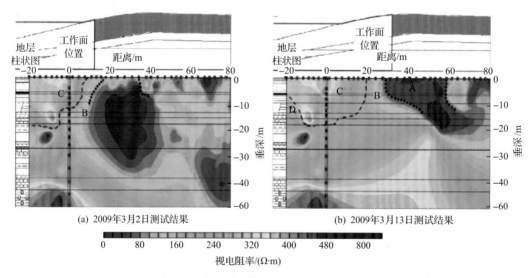

(a) 2009年3月2日测试结果　　　　(b) 2009年3月13日测试结果

图 1-16　底板随工作面推进视电阻率剖面图
A-压缩区；B-渐变区；C-膨胀区；D-压实区；■-电极

范围具有可比性，异常体轮廓可由成像单元组合构成。下面主要介绍两类波的层析成像技术。

1) 电磁波 CT 法

电磁波 CT 技术是利用探测目标与周围介质之间的电性差异，通过计算电磁波在

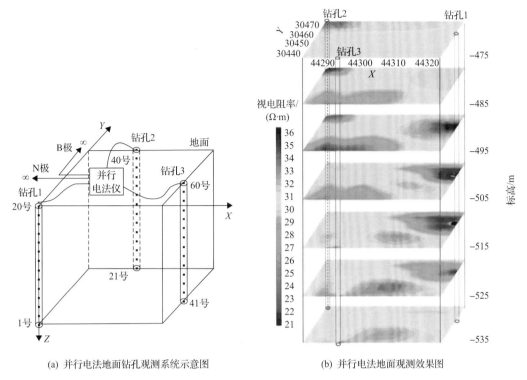

(a) 并行电法地面钻孔观测系统示意图　　　　　(b) 并行电法地面观测效果图

图 1-17　地面并行电法探测示意图

两钻孔间的传播特性以及被介质吸收的情况，来探查确定目标体位置、形态、大小及物性参数的一种物探方法。电磁波穿过岩体介质时，磁场能量与岩体中带电介质交互作用，发生电磁反应，带电质点运动、碰撞，并进一步消耗能量，其直接作用表现为电磁波能量的吸收。实际测试中，电磁波 CT 法采用双孔测试的方式，其中一个钻孔为发射孔，另一个钻孔为接收孔，电磁波在两个钻孔间传播，岩体介质的差异造成接收场强值不同，通过特征值分析，可以识别采场围岩体破坏形态。电磁波 CT 测试系统示意及效果如图 1-18 所示。

　　电磁波 CT 测试技术在采场围岩变形破坏测试过程中相比较电法勘探测试结果更加准确，但电磁波 CT 在施工现场的可操作性不如电法勘探便捷。在煤层工作面上采场围岩层受到开采作用发生强扰动时，电磁波在岩体内部裂隙发育形成的破碎带中传播，一方面裂隙的存在造成能量损失或者水的参与而使电磁波衰减增大；另一方面裂隙的扩展造成电阻率增大，从而使得电磁波衰减减小。因此，煤体裂隙、结构对电磁波传播衰减的影响作用是复杂的，在算法反演、数据解释等方面还需要不断完善。电磁波 CT 技术适用于原岩裂隙发育的采场围岩测试，不受岩层破坏情况限制。其测试主要限制条件为钻孔成孔后发射系统与接收系统的布设，系统布置的有效性对数据采集质量起关键作用，因此在成孔作业困难情况下测试效果不理想。目前，电磁波 CT 除了在采场围岩变形破坏测试中应用外，还主要被用来探查煤柱稳定性、巷道冲击危险性评价、煤与瓦斯突出预测等。

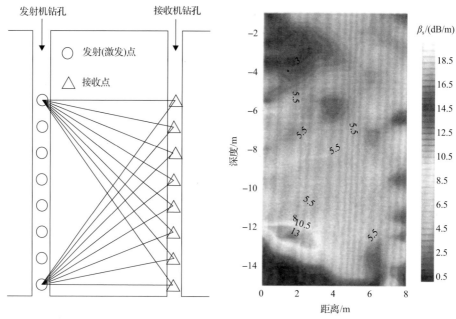

图 1-18　电磁波 CT 测试系统示意及效果图

β_s-衰减吸收系数

2) 震波 CT 法

震波是指采用锤击、爆炸等人工激震方式所产生的弹性波。震波 CT 法的原理如下：由于地层对震波的选择性吸收，波的衰减同其频率成正比，测量震波的走时与频幅等波场信息，根据一定的物理和数学关系进行迭代反演获得被测区间介质的工程特性和精细结构变化。在实际应用中，震波包括地震波和声波两种，其中震波中的低频部分为地震波，可以实现工程地质体的区域性勘探；震波中高频部分为声波或超声波，可进行小范围、高精度工程勘查。震波 CT、声波 CT 技术是通过构建包括跨孔、孔巷、巷巷的测试形式，利用人工激发弹性波获取被测对象剖面，分析评价采场围岩破坏的形态、分布特征，实现不同时期速度场图重现。具体实施以孔巷震波 CT 为例(图 1-19)：在探测部位设置预计穿过破坏带高度钻孔，孔中按照一定间隔设置地震波接收传感器，通过注浆耦合使传感器与钻孔形成贴壁布置，之后在巷道取固定点作为激发点位，完成不同时期的震波数据采集。

震波 CT 应用于采场围岩变形与破坏的测试精度相比较其他方法而言更高，可以通过时空域中的多次测试对比分析获得动态测试结果，分析采场围岩变形破坏过程及特征。正是由于震波幅值能量受激发方式、激发能量、传感器参数、耦合方式等诸多因素的影响，在实际应用中多采用速度成像方式进行数据的处理和解释，并且在速度成像图上可以清晰地反映速度的高低变化，从而方便地解释地质构造、应力集中、裂隙发育等影响因素。震波 CT 技术是一种对采场围岩变形破坏高度行之有效的测试技术，与其他探测方法相比探测成本相对较低，测试成果清晰直观，监测过程安全可靠，特别是可以形成直观的动态监测，大大提高测试精度，在实施中

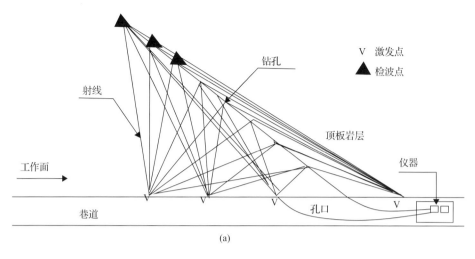

(a)

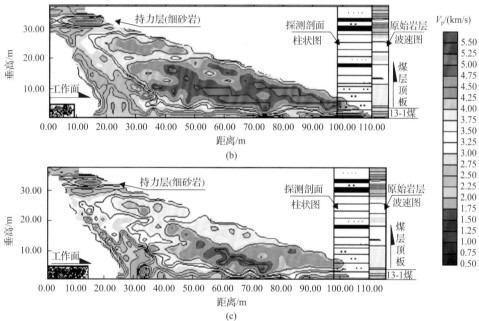

(b)

(c)

图 1-19 震波 CT 测试技术探测示意及效果图

V_p-波速

表现出较好的适用性，并且被延伸用以实现煤层开采矿山压力监测、煤层底板岩层的变形破坏特征的探查。

3. 综合测井方法

测井是地球物理探测技术中一种重要的测试方法，它利用的是岩层的导电特性、声学特性、放射性特征等，其中电法测井、声波测井、放射性测井是测井方法应用较多的三种基本方法，但是电法测井和放射性测井在测试中往往用作区分岩性、进行地层对比分析、确定煤层厚度、分析煤岩层储气特征、划分渗透层等，目前，在采场围岩的变形破坏探查中应用相对较少。在采场围岩变形破坏评价分析中多采用声波测井技术,并且其在应用中取得了一定的效果。在声波测井的实际应用中,利用声波或超声波建立测井信息与地质信息的映射关系,具有很好的敏感性和准确性。声波测井技术的应用在实际工程中又分为声速测井和超声波电视测井。

综合测井技术在采场围岩变形破坏的测试与评价中应用并不多。通过声波测井获得顶板采场围岩变形破坏的一些参数特征,根据这些特征判断顶板岩体完整性、裂隙发育程度及发育高度,其中以超声波电视测井结果最为准确,能够通过反演成像形成观测剖面,进而获得钻孔扫描成果图(图 1-20)。由于综合测井在采场围岩变

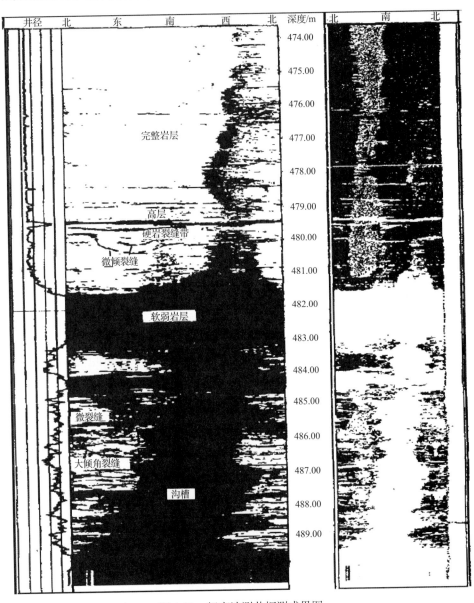

图 1-20　超声波测井探测成果图

形破坏的观测应用施工中存在施工周期长、装置布置难等问题，这种技术方法没有得到推广和普及，较多被用来界定岩性、获得煤层气含量评估、估算煤层储量等。综合测井技术不受钻孔泥浆、水的影响，也可以获得孔壁影像资料。其实施的主要困难还在于地面钻孔施工周期长、钻进难度大、测试装置布置相对困难、测试成本高等，综合测井技术应用中适用性并不明显，特别是对于工作面回采速度较快的情况，操作便捷性不足，因此综合测井研究的侧重点不同，更多被用于其他煤岩体参数的探查评价中。

4. 地震勘探技术

　　地震勘探技术的测试精度高，在煤田地质勘探中主要被用来划分煤田边界、揭示煤田地质构造、评价煤层厚度、寻找煤层气气藏。其用于采场围岩破坏探查是在20 世纪 90 年代。地震波在地下传播过程中，地层岩体的弹性参数发生变化，会引起地震波场的变化，并产生反射、折射、透射等现象，通过人工接收变化后的地震波数据，可以反演出地下地质结构及岩性。煤层工作面开采前后波场响应差异性大，为地震勘探采场围岩破坏情况提供了良好的物性条件。通过分析采场围岩破坏过程中地震波组的变化特征，可以确定采场围岩破坏的范围。其探测原理示意图如图 1-21 所示。

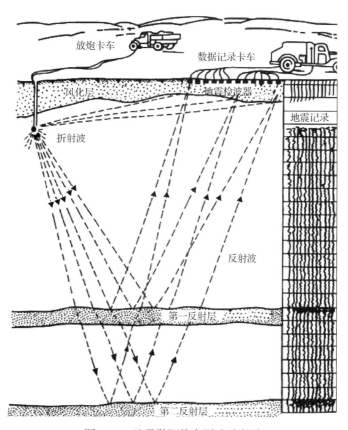

图 1-21　地震勘探技术测试示意图

利用地震勘探技术探查采场围岩破坏特征，其反演结果的准确性非常显著，对采场围岩破碎带的分布情况、展布特征反映很全面，探查效果如图 1-22 所示。近年来三维三分量地震、全方位纵波地震、时延地震、叠前偏移成像等快速发展，支撑了采场围岩探查技术的进步。但地震勘探技术对于操作人员要求较高，特别是数据反演和资料解释，通常需要一定的技能基础和丰富的经验。地震勘探技术适用性较广泛，其在应用中主要受到采集过程信噪比的影响，如背景噪声干扰、激发层位不稳定以及干扰波影响，需要压制低频面波，切除干扰提高有效信号。相比较电法勘探而言，地震勘探技术操作的便捷性不足、施工成本高，因此在采场围岩变形测试中，采用地震勘探技术开展的研究并不多。

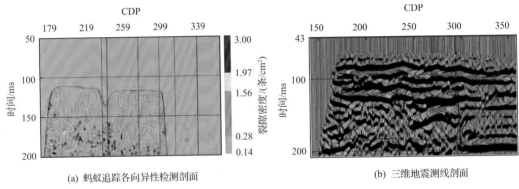

(a) 蚂蚁追踪各向异性检测剖面　　　　　　　(b) 三维地震测线剖面

图 1-22　地震勘探技术围岩破坏形态探查效果

CDP-共深点

5. 微地震监测方法

微地震监测方法最初是 20 世纪 40 年代左右由美国矿业局提出，在煤矿采场围岩变形破坏领域开展了相关的测试研究。但在当时鉴于仪器设备昂贵且测试精度不理想未得到很好的推广。直至 90 年代，欧洲各国将微地震监测方法用于矿山监测过程证明了该方法的实用价值后，特别是澳大利亚在 Gordonstone 等煤矿成功地应用其测绘得到顶板岩层的破裂高度以后，该方法得以迅速推广。微地震监测方法的基本原理可以看作是煤层开采后，工作面上方岩层会发生破断产生地震能量，该信号包含震源破裂的时间、位置、能量和机制等。这种信号类似于天然地震，不过其能量相对较弱，传播范围相对较小，人们一般感觉不到，所以称之为微地震。基于目前工程应用实例，微地震监测系统通常利用钻孔串列式布置方式，监测中利用三分量高灵敏度的检波器可以接收并记录微地震信号，实现对顶板上采场围岩层破断过程的监测。在矿山微地震活动中，主要以获取微地震事件计数、微地震时间的最大振幅及其发生数关系、能量计数、空白区域、频率、分维数等参数来判定岩体破裂情况。

随着微地震监测方法的运用，其在采场围岩空间结构运动和矿井冲击地压灾变方面表现出比传统钻孔测量、地球物理探测技术等更广阔的应用前景。通过微地震监测方法的现场合理布置，能够有效圈定采场围岩变形破坏的运移范围，分析与评价围岩的破裂程度，结合矿山压力相关理论可以进一步确定高应力场空间分布、导水裂隙带发育高度等测试结果，其测试效果如图 1-23、图 1-24 所示。微地震监测技术的核心为微地震源的定位，因此在实际应用中需要对微地震源信号进行快速、高精度拾取，准确判别初至信息，这也是微地震监测方法应用的难点。实际应用中微地震监测方法对于波形较差、能量相对较弱的信号定位不理想，同时对于拾取信号的噪声处理、反演算法的优化也是微地震监测方法中需要进一步完善的内容。微地震监测方法在采场围岩结构运动测试中，无论是测试结果的准确性还是测试周期、工程成本都表现出一定的优势，也表现出较好的适用性。其在施工过程中可以实现长周期监测，对地质条件的依赖性相对较小，施工难度也不高，因此应用前景较广阔。

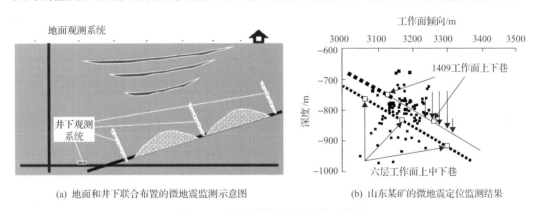

(a) 地面和井下联合布置的微地震监测示意图　　　　(b) 山东某矿的微地震定位监测结果

图 1-23　微地震测试系统探测示意图

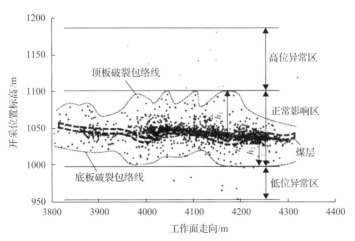

图 1-24　顶底板微震事件分布走向图

h_1-顶板破裂高度；h_2-底板破裂高度

1.3.3　光纤测试技术

光纤测试技术是 20 世纪 70 年代末从通信工程延伸、发展起来的一项新型测试技术。这项技术是依托光纤作为媒介，感知和传输被测对象测量信号的传感技术。其原理是当光在光纤中传播时，光的特征参量相位、波长在受到外界环境变化(如压力、温度等)影响下随之发生改变，当这些参量发生变化时，其对应变化的参量与应变(温度)能够建立相应的函数关系，进而反映被测对象发生的位移情况。光纤测试技术率先应用在航天航空、国防科技、水利工程、岩土工程等领域并引起大家的广泛关注，其测试的耐受性、敏感性、准确性上相比较压电、震电电阻式传感器都得到很好的提升，而且集传感与传输于一体的光纤也被封装成各种不同类型的光缆用以进行位移场、温度场、渗流场的测试。目前，用于围岩变形监测的光纤测试技术主要有光纤布拉格光栅(fiber Bragg grating, FBG)和布里渊光时域反射技术(Brillouin optical time-domain reflectometry, BOTDR)。前者测试为点式测量，可以通过观测系统布置实现准分布式测试效果；后者的测量为全分布式测量，可以实现全测线范围的数据采集。其数据采集的形式主要为应变或温度。

光纤测试技术在应用中的主要不足体现在监测大变形对光纤的损伤，由于光纤是以二氧化硅作为原材料制备的，其在使用过程中如果不加保护则容易损伤，进而导致数据采集中断。工程应用中往往为了更好发挥其测试作用，通过给其施加保护套形成光缆后，再运用于工程测试中。尽管如此，在变形程度相对小的情况下，其测试结果(图 1-25)直观、准确，可以采集到连续的线性应变数据，但当被测对象发生

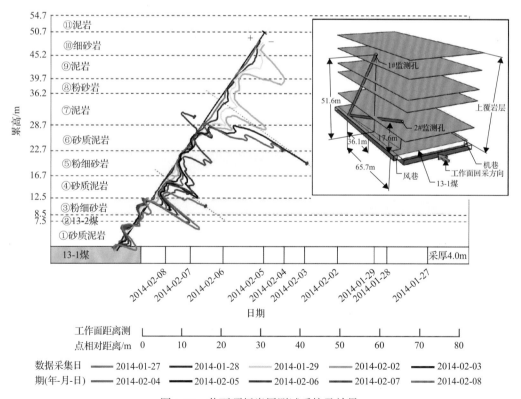

图 1-25　井下顶板岩层测试系统及效果

大变形、强变形、横向剪切变形时，光纤虽然被加工成强度、刚度都较好的光缆，但其容易折断进而造成损坏。所以光纤测试技术在采场围岩变形破坏中封装、耦合、应变传递性方面优化的难题还未得到充分的解决。在进行钻孔耦合封孔时，需结合岩层强度特性逐层配比材料进行注浆，目的是保证光纤与测试岩层段的强度一致性。

光纤测试技术在采场围岩变形破坏的探查中既可以采用井下作业方式，也可以采用地面测试方式，或者可以采用井地联合的形式进行全空间结构的探查，总的来讲其具有非常好的应用形式，特别是在矿井大数据、智能化监测发展背景下，光纤测试技术的数据采集效率、自动化、实时化、可集成性都具有良好的应用前景。目前，作者所在课题组还尝试将光纤测试技术与网络并行电法测试技术联合进行数据监测，形成多物理场协同感测技术系统，通过地面实施 200～600m 的地面钻孔，植入综合测试系统，获得全孔光纤应变与电阻率分布结果图(图 1-26)，利用采动时累计数据与多参数进行对比可以动态获得岩层变形与破坏特征规律。随着其研究理论的深入、技术工艺的进步，光纤测试技术与其他测试技术的联合应用，将被越来越多地应用于矿山工程领域，推动矿井地质感知技术的发展。

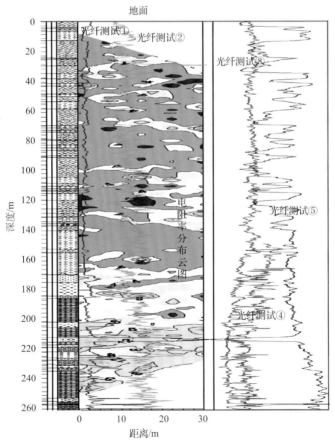

图 1-26 地面光纤-电法联合监测系统测试结果

1.3.4　其他测试技术

对于采场围岩变形与破坏的其他方法而言，主要考虑其测试形式在巷道内进行，反映巷道空间范围变形情况，是对上采场围岩层变形的间接体现。其对于矿井安全生产也是必不可少的一部分，是巷道空间支护设计、方案选择的基础依据。常用方法主要包括锚杆位移观测法、液压支架阻力技术等测量方法。而这些方法一般与其他测试方法并行进行数据采集，形成测试结果的相互补充。

1. 锚杆位移观测法

锚杆位移观测法通常选用机械或者电子式围岩检测仪，将其以植入形式或者机械固定形式附着于锚杆之上，再施工于被测围岩体内部。锚杆位移监测仪植入后，可以在工作面回采过程中记录随煤层回采顶板下沉量、两帮相对位移量等围岩运移的参数，其在顶板离层监测中应用最为广泛。目前市场上锚杆位移监测仪样式多种多样，其结构示意图如图 1-27 所示。顶板岩层在锚杆控制范围内的离层情况、巷道形变都可以记录，获得的基础数据可以为煤矿工作者进行支护参数决策提供科学依据。

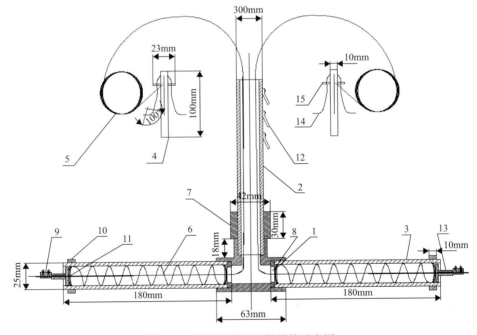

图 1-27　锚杆位移监测仪结构示意图

1-特制三通管；2-固定安装管；3-测筒；4-钢管；5-位移测绳；6-复位弹簧；7-外堵管；8-内堵管；
9-紧固螺丝；10-指数环；11-导向螺丝；12-固定卡片；13-缓冲垫圈；14-钢丝；15-卡环

锚杆位移观测法源于其测试成本低廉，是目前生产中运用最为广泛的测试技术之一。但是位移计测试的信息量并不丰富，仅包含巷道附近围岩的位移参量，不能够圈定采场围岩破坏的分布范围，其在采场围岩形变破坏形态、运移特征、裂隙发育情况等方面反映能力偏弱，不具备预测评估能力。同时，锚杆位移测试法在施工中锚杆作业与位移计设计、分析单位均独立实施，安装与数据处理工作分离，常出现位移计安装后即损坏的情况，其应用范围绝大多数情况是在井下使用。锚杆位移观测法获得的数据是支护作用下的变形实测数据，数据获取方式便捷，与地球物理探测技术不同，这种方法对于测试人员技术要求低，数据采集和分析简单，其不足主要表现为获得信息量单一。同时，这种数据采集方式在工作面开采过后无法再进行连续的数据采集，获得数据并非全周期数据。

2. 液压支架阻力技术

液压支架阻力技术是通过对液压支架安装压力传感器，感知工作面顶板来压，对采场围岩冒落进行判断的一种方法。液压支架阻力观测法通常和锚杆位移观测法同时使用，从而可以获得顶板沉降与顶板来压之间的关系，建立压力大小与顶板下沉量、下沉速度、支柱荷载等相关联的对应关系。液压支架阻力法观测的频率基本是按照固定的时间间隔进行记录的。液压支架阻力法记录数据的显现过程不是单一出现上升或下降，其评价指标需要同位移记录同步使用，才具有很好的参照性。其测试过程中，数据汇总能够获得如图 1-28 所示压力显现数据。

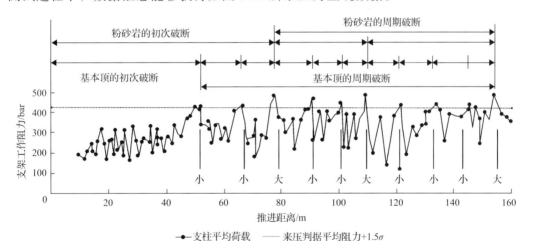

图 1-28 液压支架阻力与顶板压力显现关系示意图

$1\text{bar}=10^5\text{Pa}$；$\sigma$-应力

液压支架阻力技术在采场围岩破断测试中主要用于评价其压力变化情况，不能直接得到测试范围周边岩体变化破坏特征，但其可以作为围岩体形态描述的辅助评价参数。同时其获得数据能够反映顶板岩体的周期来压特征，通过周期来压变化可以实现对顶板围岩情况进行间接评价。这种方法对于液压支架的选型参考以及采动过程中液压支架的可靠性评价是必不可少的。但是对于围岩测试直接评价效果并不理想。

1.4 存 在 问 题

岩体本身具有非均质的特性，其变形、运动具有复杂性，既有线性变形，也有塑性、流变破坏等非线性变形。不同测试方法在应用中或多或少都存在局限性，许多科研单位与学者尝试采取多方法的综合测试。并且，多方法联合测试初步具备了观测密度大、方位信息全、参量表达迅速等特点，所提供的测试结果可以更快捷地表达地质效果，极大地缩短了采场围岩变形与破坏的测试周期与测试结果产出时间。但是，不同方法联合的形式在数据体表达上往往是独立的，即通过不同方法比对相互验证。而智慧矿井的建设对测试技术的应用提出更高要求，需多参量融合测试，参量间不仅可以相互验证，还可以通过建立数学模型，即在特殊条件下，通过一种或少数测试方法就可以实现精准探查，这也是目前需要攻关的难题。就现有测试技术应用来说主要存在以下问题。

1. 变形测试技术不满足目前大规模、快采掘、智能化生产模式

随着煤炭工业革命的不断推进与深入，现有测试技术对于安全生产保障能力逐渐表现出不适。尤其是煤炭资源开发战略性西移和深部化开采加剧，实际生产过程中面临多重难题，实现采场空间围岩变形动态测试有着十分重要的意义。未来煤炭基地开发模式，也决定煤层开采规模、采掘模式进一步改变，同时煤矿智能化开采也为煤炭基础理论研究与关键技术、重大装备研制提出新的要求。

现有变形测试技术多为点式测量，容易出现测试盲区；不仅如此，现有监测以探测为主，矿井智能化建设中监测技术日益成为生产单位和研究院所的重点开发内容。探寻一种实用的、建设和生产全过程监测的技术也显得尤为必要。现有的传感器和测试技术在实施方法、方式和应用上的局限性也逐步显现。例如，钻孔测试技术施工周期长，钻进技术保障要求高，成孔过程中不确定因素多；对于地面深孔施工不仅有技术方面的影响，还有社会因素的影响，特别是井下工作面采煤进度较快情况下，地面钻孔往往需要提前几个月实施，其工程成本和工期调整不易控制。其他物探测试技术手段在井下的测试精度、施工方式等方面难以满足矿井的快采掘模式，要么探测精度不足，要么探测深度不够，并且在探测过程中对人员数量与技术水平都提出了较高的要求。

2. 测试技术装备适用性与更新进度不匹配智能化矿山建设发展需求

进入 21 世纪后，我国煤矿生产方式发生了历史性转变。由手工作业和半机械化为主转变为以机械化、自动化、信息化、智能化为主，科技进步走在世界前列。但是，矿井特殊施工环境下传感器及技术装备等巷道变形测试技术不匹配采场围岩变

形破坏的全过程、全周期监测需求。对于上采场围岩体测试范围，常规点式测试技术方法就捉襟见肘了，无法实现长距离、动态监测岩层运移情况。另外，如何利用地球物理测试技术手段获得更全面的地质灾害预警信息，如矿压显现的前兆信息捕捉等，成效并不显著。

技术装备方面的不足主要表现在两方面：其一，传感器的创新与研发。煤层井工开采测试环境相比较其他浅表工程施工的主要区别就是更容易损毁。测试中，对传感器的布设要求高，传感器容易受地下水、粉尘、震动等影响，进而影响测试结果，往往会出现测试数据不准确或者传感器失效的情况。其二，井下特殊测试环境对设备的要求更高，要么测试装备通过煤矿安全认证测试，要么通过延长线缆将测试数据传输至安全位置。无论对于哪种形式而言，在智能化矿山建设中，都会影响到测试装备的测试效果与应用。因此，如何解决测试装置与传感单元防尘、防水、防爆、耐高温以及精度、性能等更好的测试指标，同时实现设备监测小型化、集成化等性能优化必不可少。

3. 工程技术应用不完善，在解决深部煤炭资源开发与复杂地质条件开采中有差距

煤炭工业生产过程中安全问题不容忽视，围岩变形是矿井生产关注的热点。基于我国煤炭资源分布差异大，开采条件复杂，特别东部深井和中西部矿区煤层开采过程中，安全生产常遇到新的挑战。加之测试技术探测多、监测少，点式多、线面少，容易导致空窗期和盲区。现有单一地球物理探测技术、光纤测试技术等的绝大多数物性测试手段对于采场围岩破坏的精细解释均还欠充分。未能充分建立岩体裂隙场发育与地电场、波速场、应变场等参量的数值对比模型，其判断阈值难以确定。例如，电法勘探技术能够很好地圈定采场围岩破坏范围，但其结果的准确性可能还存在一定的误差；光纤测试能够准确获得其发育高度，但是由于其测线布置对于采场围岩变形破坏的捕捉局限于钻孔测试范围，其在横向空间范围界定上显现出不足。针对采场围岩变形破坏的特征而言，其他地球物理探测技术，如地震勘探技术和微地震监测方法等虽然分辨率相对较高，但是测试技术在信号采集、数据处理、资料解释等方面还需要不断优化以适应现代化煤炭高效开采技术要求下精细分析的安全评价标准。动态监测相关研究不够深入，煤炭快速采掘模式下，优化围岩变形测试方式、拓展监测对象，研究适合工程技术应用的监测技术成为迫切需求。

1.5　专著主要内容

采场围岩变形测试长期以来被大家所关注，这是因为其所带来的人员伤亡和防治成本较高，影响矿井安全高效生产，不利于煤炭工业高质量发展，不适用现代化智能矿井建设。同时，其所诱发的冲击地压、煤与瓦斯突出、顶板事故、矿井水害都时有发生。对于采场围岩变形而言，其所具备的隐蔽性、突发性、高强度性，对于测试技术的要求很高。而且煤炭开采西部开发强度增加，东部矿区开发深度增大，也带来更多的生产难题。同样，对于监测技术的需求也提高了。不论是检测技术还是监测技术，从理论、技术、装备、工艺多方面也都需要革新跟进才能适应新时期的煤炭工业高质量发展。

本书首先结合矿山采场围岩变形与破坏测试技术的发展与应用，归纳、梳理了当前应用于围岩测试的钻孔测试技术、地球物理探测技术、光纤测试技术以及其他测试技术，阐述了其技术原理、工程应用优缺点及适用性。

较为全面地介绍了采场空间不同位置测试技术应用成果。基于分布式光纤测试技术与网络并行电法测试技术联合(简称为光纤-电法联合监测技术)应用，实现多参数的测试与解释。从室内基础试验获取岩体破裂阈值评价，到开展数值模拟特征分析和物理相似模拟试验验证。从监测技术施工与工艺，到工程实践应用，涵盖了目前矿井采场围岩变形的多个方向。进而，通过对采场围岩变形与破坏测试技术的工程应用分析，提出测试技术未来朝着多元化、多参量、智能化监测的方向发展。

作者认为，采场围岩变形破断监测技术系统的建立，将会大大推动"光纤-电法"联合监测技术在矿井安全监测的进一步发展。测试方式也逐步向可视化、动态化方式过渡。基于大数据、云计算、人工智能等平台，将实现矿井生产中海量数据、多场参数的融合分析，结合采矿、地质力学等多学科交叉形成信息的综合识别，以提供更为精确、可靠的技术参数，实现对采场围岩变形与破坏的全空间、全过程、立体、高精度、自动化的测试与评价。重点基于矿井光纤测试技术结合地电场信息采集，形成"光纤-电法"联合监测技术，在新一轮的矿山安全精准开采以及科技创新推动下，促进透明、安全、绿色、生态、高效的智慧矿山建设发展。

第2章　采场围岩变形破坏监测技术

工作面在回采过程中，采场岩层受应力重新分布影响，发生变形破坏，可能导通顶底板含水层，造成矿井水害事故，抑或大面积岩体突然破断，造成煤与瓦斯突出或冲击地压等动力灾害，造成严重的安全事故。目前，进行采场围岩变形破坏测试的方法包括钻孔测试技术、地球物理探测技术、光纤测试技术和其他测试技术四类，第 1 章已对其分别进行了简述。所述方法在测试过程中各有特点，但其都在技术方法、条件上受到一定限制，如钻孔冲洗液测试方法和钻孔注水观测方法，受到施工技术、经验水平等条件的限制对岩层变形与破坏的判断准确率不够高，震波 CT 法现场施工中震源操作不易控制，工序烦琐等，常规测试方法尚不能实现实时全钻孔深度定量实测，并且存在测量误差大的缺点。以上测试方法对采场岩体变形破坏程度的测试，均属于非精细化判定，常导致数据解释与分析的多解性，使得安全生产存在一定的隐患。因此，利用多场多参数测试，通过在工作面不同空间位置设置围岩变形监测钻孔，布设安装光纤传感及电法缆线，进行动态数据采集，根据不同时间探测区域煤岩层应力场、渗流场、电阻率、自然电位、激励电流等参数的分布特征与变化规律，判断测区内煤岩层结构破断特征，实现对采场煤岩层变形与破坏的动态测试。

2.1　主要监测技术及原理

根据围岩变形特点，结合既有采场围岩变形测试技术的不足，作者提出采用"光纤-电法"联合监测技术，通过搭建井上、下多场源监控系统，形成动态数据体采集、多元信息分析、信号传输与精准感知的防灾预警技术。本节对该测试技术原理进行了介绍。

2.1.1　光纤传感测试技术原理

光纤传感测试技术是随着光导纤维及光纤通信技术的发展而迅速发展起来的一种以光为载体、光纤为媒介，感知和传输外界信号(被测量)的新型感测技术。对于岩土工程而言，感测光纤也称为大地的"感知神经"。

与普通的机械、电子等传感器相比，光纤传感器具有诸多优点。例如：

(1)敏感度高、动态范围大，高鲁棒性。

(2)抗电磁干扰。电磁辐射频率比光波频率低，因此光纤中传输的光信号不受电磁场干扰影响。

(3)电绝缘性好。光纤自身材质绝缘，不易导电。

(4)化学性能稳定，耐腐蚀。光纤制作材料为石英，具有极强的化学稳定性。

(5)无源器件，安全性能好。光纤传感器无需电源驱动，本质安全，适宜矿井生产使用。

(6)传输损耗低。可实现长距离传输。

同时，光纤传感测试技术还具有测量范围广、参数多、频带宽、高速传输、可集成等优点。

分布式光纤传感(DFOS)测试技术的工作原理主要是基于光的反射和干涉，根据信号分析方法，可以分为基于时域和基于频域两类；根据被测光信号的不同，可以分为瑞利散射、拉曼散射和布里渊散射三种类型。其应用光纤几何上的一维特性进行测量，把被测参量作为光纤长度的函数，可以在整个光纤长度上对沿光纤几何路径分布的外部物理参量进行连续测量，同时获取被测物理参量的空间分布状态和随时间变化的信息。

目前，分布式光纤传感测试技术已形成一套完整的技术体系，如图 2-1 所示。广泛应用的分布式光纤传感测试技术主要包括：光纤布拉格光栅技术(FBG)、光时域反射技术(OTDR)、布里渊光时域反射/分析技术(BOTDR/A)、布里渊光频域分析技术(BOFDA)和分布式光纤声波传感技术(DAS)等。

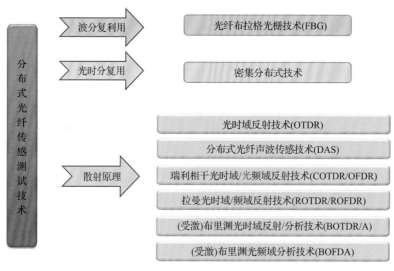

图 2-1　分布式光纤传感测试技术体系概况

早期，分布式光纤传感测试技术主要用于工程结构体健康监测，如道路、桥梁、隧道、边坡及桩基等。近年来，随着光纤技术及新型传感器的深入研究，其逐步引入矿山岩土层变形监测领域。目前应用于采场围岩变形破坏的分布式光纤传感测试技术主要有 FBG、OTDR、BOTDR、BOTDA 及 BOFDA。上述几类分布式光纤传感测试技术由于其自身原理的不同，适用条件也不尽相同，如表 2-1 所示。例如，FBG、OTDR、BOTDA 和 BOFDA 多适用于物理模拟试验中，而 BOTDR 由于其单端测量的优点多适用于现场监测。

表 2-1　不同光纤传感技术优缺点对比

传感类型	技术分类	技术原理	优势	不足	适用场景
光纤光栅	FBG	波分复用	测量精度高，可达 1με/0.1℃	准分布式，易漏失测量点	模拟试验及现场实测
瑞利散射	OTDR	光时域反射	单端测量，便携，易于测量断点和光损点	受干扰因素较多，精度低	模拟试验及现场实测
布里渊散射	BOTDR	自发散射	单端测量，无需回路，量程约 80km	精度低	现场实测
	BOTDA	受激散射	双端测量，空间分辨率和精度高于 BOTDR	无法测量断点，工程适用性较差	模拟试验及现场实测
	BOFDA	受激散射	双端测量，空间分辨率和精度高于 BOTDA	无法测量断点，工程适用性较差	模拟试验及现场实测

注：με 表示微应变量。

1. 光纤布拉格光栅技术

20 世纪 80 年代，世界上第一根光纤光栅被发明出来并发展迅速，其制作过程是将一小段对光敏感的光纤暴露在一个光强周期性分布的光波下，致使光纤的光折射率发生变化，从而形成周期性的相位光栅。如图 2-2 所示，当一束宽带光传播到光栅时会反射回一种特定波长的光波，同时其他波长的光波都会透射出去，光纤光栅充当了光波选择反射镜的角色，满足反射条件式(2-1)的光波波长被称为布拉格波长，表达式为

$$\lambda_B = 2n_{eff}\Lambda \tag{2-1}$$

式中，λ_B 为布拉格波长；n_{eff} 为有效折射率；Λ 为每一小段光栅间隔长度，也称光栅周期。

当光栅有效折射率 n_{eff} 和光栅周期 Λ 发生变化时，其反射光波波长相应发生改变，而这两者发生变化的主要原因是外界温度与应力（或应变）的变化。光纤布拉格光栅反射波长随应变和温度的变化可以近似定量地用式(2-2)表示：

$$\frac{\Delta\lambda_B}{\lambda_0} = (1 - P_\varepsilon)\varepsilon + (\alpha_\Lambda + \alpha_n)\Delta T \tag{2-2}$$

式中，$\Delta\lambda_{\text{B}}$ 为布拉格波长变化量；λ_0 为初始布拉格波长；P_ε 为应变光学灵敏系数；ε 为应变量；α_Λ 为热膨胀系数；α_n 为温度光学灵敏系数；ΔT 为外界温度变化量。等式右边前半部分表征应变变化对反射波长的影响，后半部分则表征温度变化的影响。

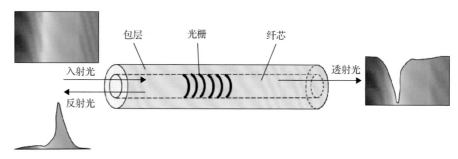

图 2-2 光纤布拉格光栅传感原理

当不考虑温度影响或外界温度变化不明显时，在轴向应力作用下得到反射波长变化量与应变量耦合关系式：

$$\frac{\Delta\lambda_{\text{B}}}{\lambda_0} = (1 - P_\varepsilon)\varepsilon \tag{2-3}$$

$$P_\varepsilon = \frac{1}{2}n_{\text{eff}}^2[-(p_{11} + p_{12})\mu + p_{12}] \tag{2-4}$$

式中，μ 为泊松比；p_{11}、p_{12} 为光弹系数。

研究发现，通常情况下 P_ε 随轴向应力变化很小，可视为常数，故光纤光栅中心波长变化量仅与应变量有关，可进行相应的应变测量。

2. 布里渊光时域反射技术

布里渊光时域反射技术是分布式光纤传感测试技术中的一种，其中所述的散射光是相对于入射光的频移 v_{B} 而言，并且由介质的声学特性和介质的弹性力学特性确定，如式 (2-5) 所示：

$$v_{\text{B}} = \frac{2n}{\lambda}\sqrt{\frac{(1 - \mu)E}{(1 + \mu)(1 - 2\mu)\rho}} \tag{2-5}$$

式中，n 为光纤的折射率系数；λ 为入射光的波长；E、μ 和 ρ 分别为介质的杨氏模量、泊松比和密度。

当一脉冲光从光纤的一端注入，在同一端检测到的光纤上任意小段 $\text{d}z$ 的布里渊背向散射光功率：

$$\text{d}P_{\text{B}}(z, v) = g(v, v_{\text{B}})\frac{c}{2n}P(z)\text{d}z e^{-2a_z z} \tag{2-6}$$

$$g(v, v_B) = \frac{(\Delta v_B / 2)^2}{(v, v_B)^2 + (\Delta v_B / 2)^2} g_0 \tag{2-7}$$

式中，z 为光纤测点与脉冲光的注入端之间的距离；$P(z)$ 为注入光的功率；v 为布里渊背散光的频率；c 为光速；n 为折射率系数；a_z 为光纤的增益系数；$g(v, v_B)$ 为布里渊散射光谱，满足洛伦兹 (Lorentz) 函数，布里渊散射光谱在布里渊频移 v_B 处达到峰值；g_0 为频谱的峰值功率；Δv_B 为布里渊谱线宽度。

1) 温度与布里渊频移的关系

光纤折射率在温度变化条件下通过光纤热弹性效应引起变化。光纤的光变频率在温度变化的情况下，将使得光纤泊松比和弹性模量改变，而温度对光纤密度的影响是通过热胀冷缩效应实现的。

在建立温度与布里渊频移的关系时，消除光纤应变的影响，v_B、n、E、μ 和 ρ 均可以看作是温度的函数。温度与布里渊频移的函数关系如式 (2-8) 所示：

$$v_B(T) = \frac{2n(T)}{\lambda} \sqrt{\frac{(1 - \mu(T))E(T)}{(1 + \mu(T))(1 - 2\mu(T))\rho(T)}} \tag{2-8}$$

在温度变化较小时，同理可得到

$$v_B(T) = v_B(0)(1 + 1.18 \times 10^{-4} T) \tag{2-9}$$

式中，$v_B(0)$ 为初始频率。

由式 (2-9) 可知，温度增加 10℃ 的同时布里渊频移相应增加 12MHz。

2) 应变与布里渊频移的关系

应变是由光散射引起纤维折射率的变化，应变是对泊松比和弹性模量的良好响应。而应变对密度的影响是显而易见的。在建立应变与布里渊频移的关系时，温度变化将不予考虑，v_B、n、E、μ 和 ρ 均可以看作应变的函数。于是应变与布里渊频移将通过式 (2-10) 进行诠释：

$$v_B = \frac{2n(\varepsilon)}{\lambda} \sqrt{\frac{(1 - \mu(\varepsilon))E(\varepsilon)}{(1 + \mu(\varepsilon))(1 - 2\mu(\varepsilon))\rho(\varepsilon)}} \tag{2-10}$$

在小应变情况下，在 $\varepsilon = 0$ 处，对式 (2-10) 作泰勒展开，准确到 ε 的一次项。经过一系列的变换，可得到：

$$v_B(\varepsilon) = v_B(0)[1 + (\Delta n_\varepsilon + \Delta E_\varepsilon + \Delta \mu_\varepsilon + \Delta \rho_\varepsilon)]\varepsilon \tag{2-11}$$

式中，Δn_ε、ΔE_ε、$\Delta \mu_\varepsilon$ 和 $\Delta \rho_\varepsilon$ 为与应变相关的参数，其典型值分别为 -0.22、2.88、1.49 和 0.33。

将 Δn_ε、ΔE_ε、$\Delta \mu_\varepsilon$、$\Delta \rho_\varepsilon$ 的值代入式 (2-11)，可得到：

$$v_\mathrm{B}(\varepsilon) = v_\mathrm{B}(0)(1 + 4.48\varepsilon) \tag{2-12}$$

当温度为 20℃时，入射光的波长为 1.55μm，不存在应变变化时，普通单模石英光纤的布里渊频移为 11000MHz。由式 (2-12) 可知，应变每变化 100με，布里渊频移变化约 5MHz。

当然，对于不同的测量系统、不同的传感光纤，Δn_ε、ΔE_ε、$\Delta \mu_\varepsilon$ 和 $\Delta \rho_\varepsilon$ 的值是不一样的。因此，式 (2-12) 可以改写为

$$v_\mathrm{B}(\varepsilon) = v_\mathrm{B}(0)(1 + C\varepsilon) \tag{2-13}$$

式中，C 为应变常数，由光纤的材料性质及特性决定。

同时综合代入温度和应变的影响，由式 (2-9) 和式 (2-13) 可得

$$\delta v_\mathrm{B}(\varepsilon, T) = (\partial v_\mathrm{B} / \partial \varepsilon) \times \delta \varepsilon + (\partial v_\mathrm{B} / \partial T) \times \delta T \tag{2-14}$$

式中，$\partial v_\mathrm{B} / \partial \varepsilon$ 为布里渊频移的应变系数；$\partial v_\mathrm{B} / \partial T$ 为温度系数；ε 为应变；T 为温度。

此外，实验研究发现，布里渊散射光功率对应变和温度变化有很好的响应特征曲线。温度的升高和应变的减小都会使得布里渊散射光功率线性下降，反之则上升。因此，布里渊散射光功率可以表示为

$$\delta P_\mathrm{B}(\varepsilon, T) / P_\mathrm{B} = \left(\frac{\partial P_\mathrm{B}}{P_\mathrm{B}} / \partial \varepsilon \right) \times \delta \varepsilon + \left(\frac{\partial P_\mathrm{B}}{P_\mathrm{B}} / \partial T \right) \times \delta T \tag{2-15}$$

式中，$\dfrac{\partial P_\mathrm{B}}{P_\mathrm{B}} / \partial \varepsilon$ 和 $\dfrac{\partial P_\mathrm{B}}{P_\mathrm{B}} / \partial T$ 分别为应变系数和温度系数。

T.R.Parker 等同时测量布里渊散射光应变和温度系数，得到以下结果：

$$
\begin{aligned}
&\partial v_\mathrm{B} / \partial \varepsilon = (0.0483 \pm 0.0004)\mathrm{MHz} / \mu\varepsilon \\
&\partial v_\mathrm{B} / \partial T = (1.10 \pm 0.02)\mathrm{MHz} / \mathrm{K} \\
&\frac{\partial P_\mathrm{B}}{P_\mathrm{B}} / \partial \varepsilon = -(7.7 \pm 1.4) \times 10^{-4}\% / \mu\varepsilon \\
&\frac{\partial P_\mathrm{B}}{P_\mathrm{B}} / \partial T = (0.36 \pm 0.06)\% / \mathrm{K}
\end{aligned}
\tag{2-16}
$$

式 (2-16) 中的系数 (指应变系数和温度系数) 是相对于 300K、0με 时的百分比。

当然，对于任何布里渊分布式传感系统，使用的传感光纤都不相同。式 (2-16) 中的四个系数都是不同的，需要进行实验校准。

BOTDR 与 OTDR 的原理类似，即产生布里渊散射，这种布里渊散射光沿原始光

纤路径返回事件末端，进入测试仪器的光信号处理单元，由光电二极管将光信号转换为电信号，经过后续的相关处理得到如图 2-3(b)所示的散射光谱。布里渊背向散射光谱线一般呈洛伦兹型，其峰值功率对应的即是布里渊频移 v_B，如图 2-3(c)所示。在一定测试条件下，布里渊频移只和目标体的温度及应变有关系。

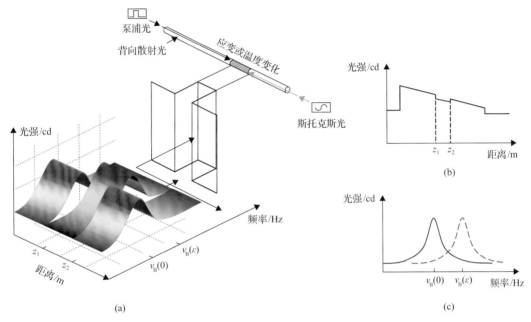

图 2-3 布里渊光时域反射传感原理

3. 布里渊光时域分析技术

BOTDA 的感测原理基本与 BOTDR 相同，前者基于受激布里渊散射原理，如图 2-4 所示，后者基于自发布里渊散射原理。为了提高感测的空间分辨率，BOTDA 在感测光纤两头分别注入泵浦光和探测光，当泵浦光功率足够大时，泵浦光和探测光产生的反向斯托克斯光发生干涉作用，激发产生受激布里渊散射光。光纤中的受激布里渊散射光频率受光纤沿线轴向应变或环境温度影响发生漂移，与光纤沿线轴向应变或环境温度之间存在良好的线性关系，以此获取光纤沿线的应变和温度分布，实现感测。该关系可以表示为

$$v_B(\varepsilon,T) = v_B(\varepsilon_0,T_0) + C_1(\varepsilon - \varepsilon_0) + C_2(T - T_0) \tag{2-17}$$

式中，$v_B(\varepsilon,T)$ 为光纤沿线应变或温度变化后测量的布里渊散射光频移量；$v_B(\varepsilon_0,T_0)$ 为初始条件下测量的布里渊散射光频移量；ε_0 和 ε 分别为测量前后的光纤轴向应变值；T_0 和 T 分别为测量前后的光纤沿线温度值；C_1 为应变频率系数，约为 $0.05\text{MHz}/\mu\varepsilon$；$C_2$ 为温度频率系数，约为 $1.2\text{MHz}/℃$。

由于 BOTDA 基于受激布里渊散射原理，它的动态范围达到 $1\sim6\text{dB}$，空间分辨

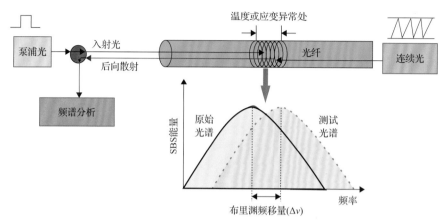

图 2-4　布里渊光时域分析传感原理

SBS-受激布里渊散射

率可达厘米级，应变测量精度达到±7.5με，应变测量范围为−20000με～20000με。因此，它可用来对结构进行分布式精细化的监测。但该技术需要在感测光纤两端分别注入泵浦光和探测光来进行感测，因此在采用 BOTDA 对工程进行分布式监测时，需要一个光纤感测回路，这给工程监测带来一定的风险。因此，在桩基工程实际检测时，一般需要配套应用抗折断和抗破坏能力强的特种感测光纤，以降低监测风险。

4. 布里渊光频域分析技术

当连续泵浦光和连续探测光分别从光纤传感器系统两端注入时，二者在光纤内部相向传播，当二者的光波相遇时会发生相互作用，激发出声波。声波作为介质，将能量从泵浦光传递给斯托克斯光。当泵浦光波和斯托克斯光波之间的频率差值等于声波的频率时，传递的能量最大。因为声波频率和光纤材料的温度与应变息息相关，所以可以通过布里渊散射光谱间接测量温度和应变。布里渊频域分析技术基于测量一个复杂的基带传输函数，该函数与沿着光纤轴向上相向传播的泵浦光和斯托克斯光的振幅相关。传感系统基本原理如图 2-5 所示。

窄线宽连续泵浦光在单模光纤的一端被耦合后注入，在该光纤另一端，窄线宽的连续探测光被注入。与泵浦光的频率相比较，探测光的频率发生了下漂移，漂移量大约等于光纤产生的布里渊光频率。探测光振幅被电光调制器（EOM）进行调制，调制变化的频率为 f_m。被调制后的探测光的强度是斯托克斯光的边界条件，该斯托克斯光在光纤中与泵浦光相互作用。

对于探测光被调制了的每个 f_m 值，都等于 $z=L$ 时的斯托克斯光强 $I_S(L,t)$，也等于传导的被调制了的泵浦光强 $I_p(L,t)$ 的变化量。被耦合后的泵浦光和被调制后的探测光信号首先通过光电探测器（PD），从光电探测器输出的信号，与 $z=L$ 时被调制的泵浦光强和斯托克斯光强都成正比，光信号接下来被传送到网络分析仪（NA）中，网络分析仪确定传感光纤的基带传输函数。在光纤传感器的右端 $z=L$，角度调制频率为

ω_m 时，泵浦光和斯托克斯光强度的傅里叶变换为

$$X_P(j\omega)\big|_{\omega_m} = \Im\{I_P(L,t)\}\big|_{\omega_m}$$
$$X_S(j\omega)\big|_{\omega_m} = \Im\{I_S(L,t)\}\big|_{\omega_m}$$

(2-18)

则基带传输函数可以由式(2-19)给出：

$$H(j\omega) = \frac{X_P(j\omega)\big|_{\omega_m}}{X_S(j\omega)\big|_{\omega_m}} = A(\omega)\exp(j\Phi_{H(\omega)})$$

(2-19)

式中，$A(\omega)$ 为振幅；$\Phi_{H(\omega)}$ 为相位。

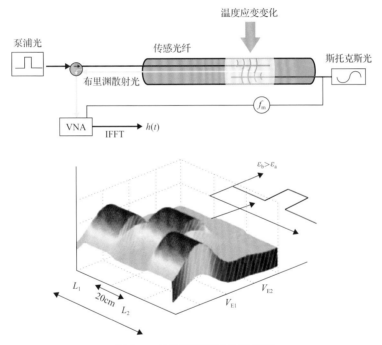

图 2-5 布里渊光频域分析原理

VNA-矢量网络分析仪；IFFT-快速傅里叶反变换；ε_b、ε_a-应变；V_{E1}、V_{E2}-频率（Hz）；L_1、L_2-距离（m）

网络分析仪的输出信号被一台模-数转换器（ADC）进行数字化处理，处理后又将信号传输到信号处理器，来进行快速傅里叶逆变换计算。BOFDA 传感器两点分辨率是指光纤上可以分辨出两点的最小距离，表示如下：

$$\Delta z = \frac{c}{2n}\frac{1}{f_{m,max} - f_{m,min}}$$

(2-20)

式中，Δz 为可分辨出的两点间最小距离；$f_{m,max}$ 和 $f_{m,min}$ 分别为调制频率的最大值和

最小值。Δz 的减少量可以通过两种信号处理方法加以观察，即空间滤波和相位漂移评估。空间滤波就是基带传输函数与矩形函数的傅里叶展开式求卷积积分。矩形函数表示为

$$f(z) = \text{rect}\left(\frac{z - z_{\text{spot}}}{l_{\text{spot}}}\right) \tag{2-21}$$

其对应的傅里叶展开式为

$$F(\text{j}\omega) = \frac{2}{\omega}\sin\left(\omega 2 l_{\text{spot}}\frac{n}{c}\right)\exp\left(-\text{j}\omega 2 z_{\text{spot}}\frac{n}{c}\right) \tag{2-22}$$

式中，ω 为角频率；z_{spot} 为中心位置；l_{spot} 为选取的光纤长度。基带传输函数和傅里叶展开式的卷积运算可用式(2-23)表示：

$$H(\text{j}\omega) * F(\text{j}\omega) = \int_{-\infty}^{+\infty} H(\tilde{\text{j}})F(\text{j}\omega - \tilde{\text{j}})\text{d}\tilde{\omega} \tag{2-23}$$

对于线性系统，经过快速傅里叶逆变换所得到的结果是光纤传感器脉冲响应 $h(t)$ 一个非常好的近似值，光纤的时间脉冲响应可以由式(2-24)确定：

$$h(t) = \frac{1}{2\pi}\int_{-\infty}^{+\infty} H(\text{j}\omega)\exp(\text{j}\omega t)\text{d}\omega \tag{2-24}$$

式中，可以将 $t = 2nz/c$ 代入 $h(t)$ 中，可计算出空间脉冲响应 $s(z)$。空间过滤的脉冲响应可以由傅里叶逆变换获得。

$s(z)$ 为光纤传感器的空间脉冲响应。因此，频域测量以后，可通过数学运算确定出光纤传感器异常部分；通过基带传输函数的相位评估方法确定出热点(温度较高点)位置。该脉冲响应反映了光纤上应变和温度的分布。换句话说，通过对脉冲响应的分析，就可得出光纤传感器上温度和应变的具体分布信息。光纤的最大测量长度由频域方法得到，被频率步长 Δf_{m} 所限制，而步长又可以通过基带传输函数确定。可测量的光纤的最大长度为

$$L_{\text{max}} = \frac{c}{2n}\frac{1}{\Delta f_{\text{m}}} \tag{2-25}$$

2.1.2 地电场测试技术原理

1. 并行电法技术

地电场勘探的本质在于对地质结构的电性拟断面或拟立体的重建。在过去近 200

年的时间里，直流电法勘探技术经历了电测深、电剖面、高密度电法、并行电法、网络并行电法的发展历程，对应的地电场测试技术也从一维测试向四维监测发展，尤其在21世纪发展迅速。并行电法技术的正式形成虽然只有十余年，但因其阵列式、多场并行采集的优越性，故而在矿井物探、工程物探和环境物探领域都得到了广泛应用。

　　并行电法技术是一种分布式并行智能电极电位差信号采集方法，含两类工作方法：针对单点电源场测试的 AM 法和针对两个异性点电源场测试的 ABM 法。工作原理如图 2-6 所示。

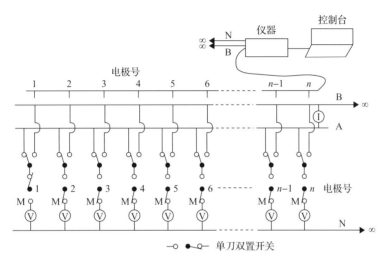

(a) AM法工作原理图

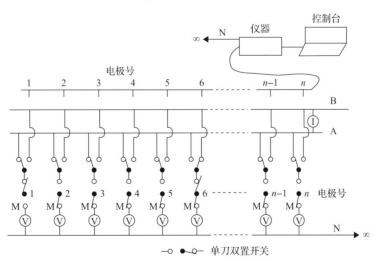

(b) ABM法工作原理图

图 2-6　并行电法工作原理图

　　(1)AM 法：公共地电极 N 与公共供电负极 B 单独布设，测线(二维勘探为测线，三维勘探为测区，测线等同于测区，为表述简便统一为测线)上 n 个电极自动轮流取得作为供电正极 A、建立单点电源场的工作资格，每当 1 个电极取得该资格后，测线上其余 $n–1$ 个电极自动扮演采集电极 M 的角色。所以，在由 n 个电极构成的测线的电阻率勘探中，采集到 n 个电极电流和 $(n–1)×n$ 个电极电位数据；测线上全部电极扮演的角色有 A 和 M 两种，故这种测试方法又称为 AM 法。AM 法能够解析出二极法、三极法在 n 个电极中的所有电极距排列组合的视电阻率值。

（2）ABM 法：公共地电极 N 单独布设，测线上全部 n 个电极中，循环性地由任意两个电极取得作为供电正极 A、负极 B 的资格，以完成建立起两个异性点电源场（偶极子场）的任务；每当有两个电极取得这种资格后，测线上其余 $n–2$ 个电极则扮演采集电极 M 的角色，A 有 n 种状态循环、B 有 $(n–1)$ 种状态循环，测线上 n 个电极供电循环勘探中，先后呈现 $n×(n–1)$ 种偶极子供电状态及供电电流数据，采集到的电极电位数据点总量为 $n×(n–1)×(n–2)$ 个。测线上全部电极扮演的角色有 A、B 和 M 三种，故这种测试方法又称为 ABM 法。ABM 法能够解析出所有四极法在 n 个电极中所有电极距排列组合中的视电阻率。

可见，在场源建立和场测量方面，并行电法利用分布式并行智能电极电位差信号采集方法，自动实现了对测线上所有电极的完整排列组合，达到了采集数据量的海量提升，而采集时间呈 $1/n^2$ 缩短；其原因在于并行采集需要每个电极有 1 个 ADC 和 3 个继电器开关，这与只有 1 个 ADC 的高密度电法完全不同。在数据提取过程中，认为每个测量电极采集的电位为 U 序列，采集的电流值为 I 序列，有关电位的提取与计算是基于单个电极采集的电位时间序列特征展开的。利用这种时域序列特征，可先后计算、提取到零次场（自然电场）、一次场（激励电场）和二次场（感应电场）的数据。

2. 钻孔并行电法测试

钻孔并行电法测试技术在井下测试通常会进行跨孔设计，即在一个钻孔中按一定间距设置源点，依次激发源点，在地下产生相应的稳定电流场，在另一个钻孔设置接收点，通过测得的电位值来重构两个钻孔之间介质物理性质差异的图像，从而实现对探查区内地质条件精细解释的目的。其工作原理如图 2-7 所示。

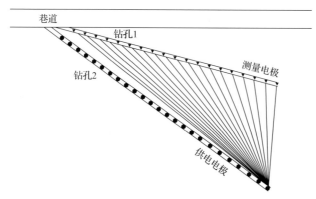

图 2-7　钻孔并行电法成像工作示意图

井下测试中是在钻孔 1 中控制一路电极，钻孔 2 中控制另一路电极，两孔电极即可形成一条测量线，通过不同位置电极点的组合实施连续测量，形成层析数据体，可以得到不同供电电极、不同测量电极对应深度的电位值或电阻率值。

依次交换供电电极，重复上面的步骤，直到完成设计的供电电极数目为止。

3. 电阻率反演

电阻率三维反演问题的一般形式可表示为

$$\Delta d = G \Delta m \tag{2-26}$$

式中，G 为雅可比（Jacobi）矩阵；Δd 为观测数据 d 和正演理论值 d_0 的残差向量；Δm 为初始模型 m 的修改向量。对于三维问题，将模型剖分成三维网格，反演要求参数就是各网格单元内的电导率值，三维反演的观测数据则是测量的单极-单极电位差值或单极-偶极电位差值。由于它们变化范围大，一般用对数来标定反演数据及模型参数，有利于改善反演的稳定性。由于反演参数太多，传统的阻尼最小二乘反演往往导致过于复杂的模型，即产生所谓多余构造，它是数据本身所不要求的或是不可分辨的构造信息，给解释带来困难。Sasaki 在最小二乘准则中加入光滑约束，反演求得光滑模型，提高了求解的稳定性。其求解模型修改向量 Δm 的算法为

$$(G^T G + \lambda C^T C) \Delta m = G^T \Delta d \tag{2-27}$$

式中，C 为模型光滑矩阵。通过求解 Jacobi 矩阵 G 及大型矩阵逆的计算，来求取各三维网格电性数据。

并行电法仪采集的数据为全电场空间电位值，保持电位测量的同步性，避免了不同时间测量数据的干扰问题。该数据体特别适合于采用全空间三维电阻率反演技术。通过在钻孔间形成的电法测线，观测不同位置、不同标高的电位变化情况，通过三维电法反演，得出孔间煤岩层的电阻率分布情况，从而对岩层富水性等特征给出客观的地质解释。

2.2　岩体破裂阈值判识与评价

岩土材料的本质属性与其他工程材料具有显著区别。其非均一性、不连续性给岩石破裂表征测试带来较大难度。如何对其破裂阈值进行有效的判识与评价是目前大家研究与关注的热点。岩石在变形过程中，会引起其自身应变场和地电场的变化，这种变化与变形发育程度具有一定的相关性。如何对应变参数进行量化表征，同时获得表征评价的有效性和真实性，是众多科研工作者一直以来聚焦的研究方向。因

此，构建地质地球物理参数之间的关系是建立岩体变形、破坏的基础与关键。

2.2.1 光纤-岩体耦合测试阈值判别试验

光纤测试技术应用中，由于被测对象与光纤材料具有物理力学性质差异以及封装效果的不同，实际测试评价结果也不同。围绕光纤测试技术研发与应用，众多科研工作者开展了大量工作，引入不同的数学模型，如图 2-8 所示。西安科技大学柴敬教授团队提出光纤光栅周期微弯理论和对裂缝传感微弯调制机制的认识，同时深入讨论研究分布式光纤矿井应用，提出光纤频移变化度数学表达模型和离层裂隙光纤感测机制；南京大学施斌团队对埋设土条光纤测量提出基于圆弧曲线、逻辑斯谛（logistic）生长曲线的两种土体剪切转换模型；中国矿业大学侯公羽团队以 BOTDR 的巷道应变监测技术为研究基础，提出应变与巷道顶板沉降三种数学模型（圆弧模型、抛物线模型、三角形模型），为评价顶板覆岩变形提供重要的理论支持；作者团队基于分布式光纤实测应用提出采动作用下岩体变形应变数值和变化速率双参数评价方法。通过不同评价模型为光纤传感测试技术在矿山领域的应用与推广奠定了良好的基础。

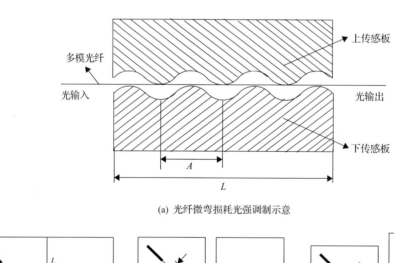

(a) 光纤微弯损耗光强调制示意

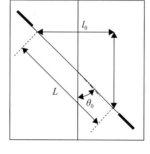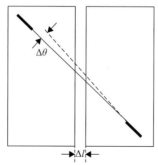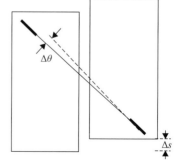

(b) 微弯损耗法向与剪切变形

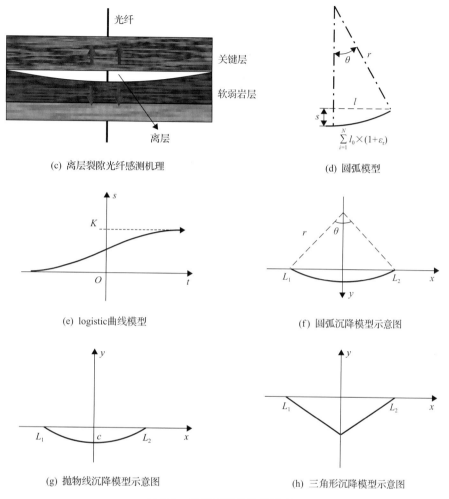

(c) 离层裂隙光纤感测机理　　　　　　　　(d) 圆弧模型

(e) logistic曲线模型　　　　　　　　(f) 圆弧沉降模型示意图

(g) 抛物线沉降模型示意图　　　　　　　　(h) 三角形沉降模型示意图

图 2-8　光纤表征的数学模型

L-测线长度；l_0-法线长度；θ_0-初始方位角；$\Delta\theta$-相对方位角 θ 变化的角位移；Δl-法向位移；Δs-剪切位移；r-圆弧半径；l-原始长度；s-剪切面一侧的剪切变形量；ε_r-应变；N-采样点总数；L_1、L_2-应变发生装置的横坐标；t-时间；c-弧长

1. 应变传递与耦合研究进展

由于矿山地质条件的复杂性，矿井光纤传感测试技术相对隧道、边坡、桥梁等领域更加难以实施。目前，相关学者虽然针对光纤监测理论、传感光缆研发、测试系统布设、数据表征等方面做了大量工作，但是仍然存在一些关键技术问题亟须解决。其中分布式光纤测试技术在实际工程应用中无论设计哪种布置方式，都需要考虑其与被测对象之间的耦合效果进行应变传递性评价，因此岩土体与光纤变形协调性是首先要解决的关键技术问题。通过应变传递效果反馈被测对象变形与光纤测试结果的准确性与一致性。尤其是在开展煤系上覆地层移动变形测试中，光纤埋入与耦合效果被大家广泛关注。国内外学者考虑了多种方法如典型力学解法、数值仿真、

物理相似试验等方法分析该传递的准确性。早期最先由柴敬和魏世明(2007)揭示了光纤与模型材料的相互作用机理，基于蛇形光纤传感理论对光纤与相似材料相容性进行了研究；李博等(2017)将传感光缆埋入土体中，利用三点试验方案研究光缆与土条的耦合效果，提出了纤-土变形传递系数。张诚成等(2018)基于拉拔试验研究了钻孔回填料与直埋式应变传感光缆之间的耦合性，讨论了光缆-土体界面力学行为。杜文刚等(2021)提出相似模型纤土量化评价数学模型，并建立耦合关系数学表达式。程刚等(2019)研究了光纤与砂土界面的耦合性能，获得各级拉拔位移下感测光缆的应变分布，建立拉拔力与感测光纤端部及尾部的位移关系曲线。张丁丁等(2015)利用光纤光栅研究松散型沉降的工程问题，建立了松散层应变传递模型，给出了其应变传递率。柴敬等(2020)后来围绕光纤测试技术应用提出光纤-岩体耦合系数，使用分布式光纤实测数据计算岩层弯曲挠度。孙阳阳等(2018)研究了光纤-胶体-相似材料耦合效果，以平均应变速率对被测模型变形进行表征。相关评价模型如表2-2所示。

表2-2　光纤测试耦合效果评价模型

来源	评价模型	适用对象
李博等(2017)	$t = \dfrac{\varepsilon_{f\,max}}{\varepsilon_{s\,max}} = \dfrac{(v_{f\,max})^*}{(v_{s\,max})^n}$	土体变形挠度测试
张诚成等(2018)	$\zeta_{x=1} = \dfrac{\displaystyle\int \varepsilon(x)\mathrm{d}x}{u_0}$	钻孔回填材料纤土耦合评价
张丁丁等(2015)	$\bar{\alpha}_2(k_2, M) = 1 - \dfrac{\sinh(k_2 M)}{k_2 M \cosh(k_2 M)}$	松散层沉降变形监测
杜文刚等(2021)	$k_j = \left\| \dfrac{\left\| f(x) - \dfrac{1}{n}\sum\limits_{i=1}^{n}\varepsilon_i \right\|}{\dfrac{1}{n}\sum\limits_{i=1}^{n}\varepsilon_i} - 1 \right\|$	采场覆岩垂向分带及横向应力分区阶段划分
柴敬等(2020)	$k = 1 - \dfrac{\left\| s_g - s_y \right\|}{s_y}$	岩体变形挠度测试

注：$\varepsilon_{f\,max}$ 表示光纤在一次测量中测得的土条最大应变值；$\varepsilon_{s\,max}$ 表示光纤所在位置土体实际最大应变；$v_{f\,max}$ 表示应变推算挠度的峰值；$v_{s\,max}$ 表示土体实际挠度峰值；t 表示变形传递系数；$\zeta_{x=1}$ 表示光缆-土体耦合系数；u_0 表示拉拔位移；$\varepsilon(x)$ 表示轴向应变；k_2 表示与光纤光栅传感器和钻孔封孔材料特性有关的系数；M 表示光纤光栅传感器半长；$\bar{\alpha}_2$ 表示平均应变传递率；k_j 表示第 j 次开挖光纤-岩体耦合系数；x 表示第 j 次工作面推进距离；$f(x)$ 表示相应推进位置应变值；n 表示整个工作面推采次数；ε_i 表示任意次开挖应变；s_g 表示光纤实测应变；s_y 表示岩层实际挠度；k 表示光纤-岩体耦合系数。

2. 岩石加载光纤应变测试

MTS 岩石力学测试系统是被大家广泛认可并具有良好测试性能的试验系统。该系统可进行岩土工程材料、混凝土及其他人工材料的压缩、弯曲断裂、拉伸及剪切性能试验，开展对包含天然及人工弱面的岩石、混凝土材料及结构体的剪切性能研究，以及岩石、混凝土材料低周疲劳特性、松弛、蠕变特性的研究。本次试验选择MTS 岩石力学测试系统获得的测试数据作为参考值，将分布式光纤缠绕于岩样表面，并将环向引伸计布置于岩样中部,与光纤对照获得岩样压裂过程中应变、位移情况。

1)传感光纤粘贴及岩石压裂

加载岩样尺寸为 50mm×100mm(直径×高)的标准岩样,加载速率为 0.005mm/s,完成不同岩性分布式光纤测试,对比分布式光纤测试技术与 MTS 岩石力学测试系统的测试结果,在确认分布式光纤测试技术有效性同时,还可以确定岩体破裂的阈值。并且,通过对比试验可以获得岩石在破裂过程的动态表征,基于连续观测实验进行数据比选,选取应变值突变的情况作为试样裂隙发育的识别点,以确定裂隙发育时间和分布式规律。图 2-9 与图 2-10 为岩样表面光纤传感器布设和压裂过程记录。

(a) 岩样表面清洁及标记

(b) 光纤光栅粘贴

(c) 分布式光纤粘贴

图 2-9　岩样表面光纤传感器制作过程

图 2-10　MTS 岩石力学测试系统与分布式光纤测试系统对比测试

2)岩石变形应变响应特征

基于 MTS 岩石力学测试系统,采用分布式光纤应变传感器,观测了单轴压缩条件下圆柱形岩样变形破坏过程的动态应变响应,并对比分析了环向应变与荷载响应曲线以及应变随时间的演变特征。测试结果表明分布式光纤传感器观测的应变与应变规测试结果具有较好的一致性。

取砂岩测试结果作为示例,其测试结果如图 2-11 所示。分布式光纤测试技术观测的应变突跳或者梯度带与试样表面裂纹的空间展布对应关系明确,可以合理确定裂纹启动扩展的时间和位置。MTS 测试应变上限较大,而分布式光纤应变通常不会超过 12000με。分布式光纤应变传感器具有较高的时间和空间分辨率,在其动态响应范围内能够满足岩石压裂过程的应变测试精度要求。分布式光纤测试技术创新应用于岩石压裂过程测试，为岩石稳定性评价与精细化测试引入一种新的方法。

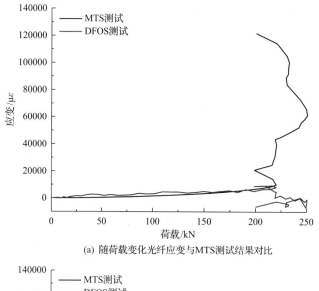

(a) 随荷载变化光纤应变与MTS测试结果对比

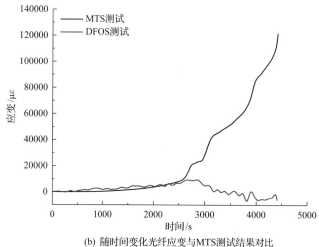

(b) 随时间变化光纤应变与MTS测试结果对比

图 2-11　环向应变与荷载响应曲线以及应变随时间的演变对比

　　将光纤应变测试结果与 MTS 测试结果进行对比。为了进一步获取光纤与 MTS 在岩样破裂过程中应力-应变曲线的一致性评价，对同一位置环向引伸计测试结果与光纤测试结果作对比分析。可以看出在同一位置光纤测试环向应变趋势及测量精度与 MTS 测试的结果非常相近，如图 2-12 所示。

　　对试样不同位置的应变进行数据分析，获得分布式光纤在岩石压裂过程中的应变响应随时间变化的应变表征，如图 2-13 所示。测试结果能够较好地反映出在不同时间、不同位置应变响应的差异性。而且通过其差异性与空间位置对应即可感知岩样变形情况。从光纤测试结果还可以看出，不同位置的测试数值结果并不相同，在岩样加载过程中其曲线对于岩样表面变形、破坏的表征更为敏感。

　　通过多组岩石压裂测试结果与 MTS 测试结果分析，可以得出如下认识：

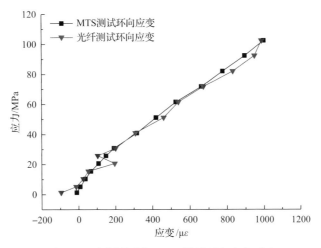

图 2-12　光纤测试与 MTS 测试环向应变对比

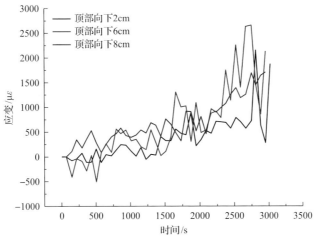

图 2-13　岩样不同位置光纤应变响应特征

（1）单轴荷载条件岩石损伤过程分布式光纤测试在环向应变响应与 MTS 测试结果较为一致，此次岩样压裂试验获得二者的相对误差为 13.32%。并且当应变值达到 $400\mu\varepsilon$ 时，岩体裂纹表征出现，此时界定岩体开始出现破裂。当然，对于不同岩体其破裂阈值不同，通常分布在 $400\mu\varepsilon \sim 1200\mu\varepsilon$，也就是说当软岩在 $400\mu\varepsilon$ 时会出现结构破裂，硬岩体破裂阈值相对较大，在超过 $1200\mu\varepsilon$ 时也必将发育破断特征。

（2）分布式光纤测试技术能够从宏观上识别岩体压裂过程中的裂纹开裂时间与扩展过程的演化规律。通过测试结果发现光纤能够捕捉到岩体压裂过程中的裂纹发育与演化特征，进而对微裂隙发育位置进行定位。

通过室内试验可以得到岩体破裂光纤形变特征形态。基于连续观测实验进行数据比选，选取应变值突变的情况作为试样裂隙发育的识别点，以确定裂隙发育时间和分布式规律。图 2-14 为裂隙发育异常区数据对比示意图。对于识别点位突变特征又表现为两种形式：①该点应变值持续增大且增大幅值较大；②该点应变值在突然增大之后出现明显的数值回落，同时其变化幅值较大。并且上述过程可能会随着荷载增加，表现出相对的周期性。岩土体基础实验研究表明，当岩土出现裂缝发育时，其突变值常介于 $400\mu\varepsilon \sim 1200\mu\varepsilon$。

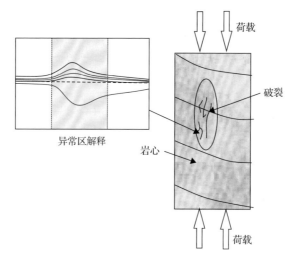

图 2-14　裂隙发育异常区数据对比示意图

这些可靠、高精度的岩石变形数据非常有价值，为进一步的实验分析、数值模拟和现场应用提供了原始数据与理论机制储备的积累。因此，基于分布式光纤传感技术对岩石地质力学进行精细实验室实验研究切实可行，也为更复杂的实验和现场监测应用建立了关键的对接基础。

2.2.2　岩土电性响应特征研究

岩体电阻率是地球物理勘探考察的重要物性参数，不同结构煤岩体受载破坏过程中电性变化特征存在差异。建立受载煤岩样电性实时测试实验系统，对不同岩性、不同矿区的待测煤岩试样进行了单轴压缩实验，得出试样破坏过程的力学强度及电性变化规律特征。

1) 测试过程

使用 MTS 岩石力学测试系统进行单轴压缩实验。力学参数采样间隔为 1s，加载压力由 MTS 岩石力学测试系统施加在岩样上。实验室使用并行电法仪进行多电极直流电性数据采集。

为了确保煤样品的完整性，选择电极切片用于该实验配置，这优于使用传统电极，因为传统电极在钻孔过程中极有可能对样品造成损坏；使用电极切片的另一个优点是增加了电极和样品之间的直接接触面积，降低了接触电阻，根据煤样品的实际尺寸，所用电极片的尺寸为长 8mm、宽 4mm；考虑到电极材料的导电性、延展性和经济实用性，采用纯铜作为电极片的材料；使用导电胶将电极片粘贴在岩样表面，如图 2-15 所示。

图 2-15　岩样加载地电场信号测试

2)岩石变形地电场响应特征

采动过程中工作面前方底板岩层因压缩导致原始空隙、孔隙逐渐收敛,岩石电阻率相对原始状态将有所降低,但整体变化不大。采空区底板上方卸压产生底鼓膨胀,使得压缩致密的裂隙扩张,在采空区不含水的情况下岩石电阻率将大幅增大,如若采空区顶板淋水则扩张裂隙将充水从而使电阻率降低。当顶板岩石垮落充填采空区,底板将被重新压实又从膨胀状态转为次级压缩状态,此时电阻率将增大。因此,当底板岩层经历压缩—膨胀—压缩的动态变化过程时,岩石电阻率也发生降低—增大或减小(考虑裂隙充水情况)—增大的相应变化。在岩石压裂电阻率测试的基础上,开展原位电阻率和自然电位变化测试,认为当工作面回采过后,距离底板岩体逐渐稳定,电阻率也将在一定范围内保持稳定。

通过对岩石试件自然电位信号进行测试发现,岩石破坏过程伴随着微观电荷的集聚与释放,进而引发自然电场异常现象,如图 2-16 所示,大体表现为以下三个阶段:①岩石弹性形变阶段(0~500s)。该阶段内加载过程中岩体应力发生变化,使得岩石内孔隙结构及原生微裂隙发生闭合,引起微观上带电位错与电荷云之间距离的增大与减小,从而形成极化电流,出现了电位测量结果中的自电位脉冲,其中 3#和 4#、14#和 15#电极电位波动明显较大,表明该位置岩体内原生结构相较其他区域较为发育。②岩石塑性破坏阶段(500~1500s)。该阶段岩石产生裂隙,主破裂引起破裂面尖端电荷分离,电子被发射,静电荷局部积累,而积累的电荷会沿着岩石中的电通道流动,又以缓慢放电形式得以释放,直到岩石达到新的电性平衡,自然电位主要表现为阶跃式上升过程,最大上升幅值约为 45mV。③岩石完全破裂阶段(1500~

2000s）。该阶段岩石结构已完全失去承载能力，裂隙不再扩展使得自然电位波动趋于稳定。

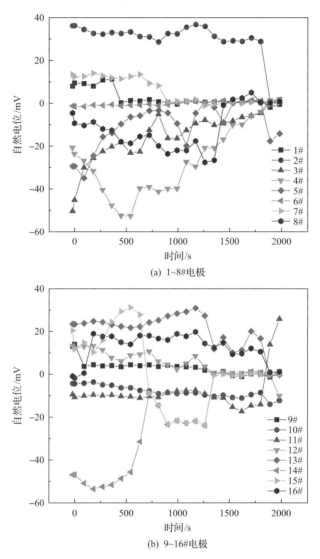

(a) 1~8#电极

(b) 9~16#电极

图 2-16　岩石试件自然电位测试结果

2.3　围岩变形监测钻孔设计

监测系统布设工艺及其质量对监测结果具有直接影响。因此，在矿山工程安全开采监测中，需结合不同的测试环境与测试对象选择相应的布设方法，获得围岩变形场的发育参数。目前，矿山工程实际应用中大多采用井上和井下联合方法进行测试系统布设，如图 2-17 所示。结合工程实践及场地条件，施工地面钻孔、井巷钻孔，构建采场空间围岩变形动态监测系统。重点解决钻孔安装方法、钻孔封装（分层）、数据采集与系统维护，形成井下 150m、地面 600m 系统安装技术。

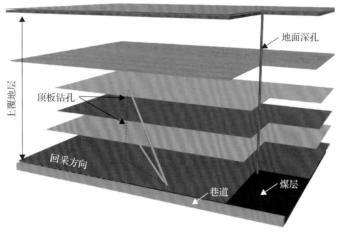

(a) 顶板覆岩变形观测

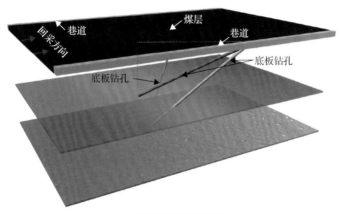

(b) 底板采动破坏深度测试

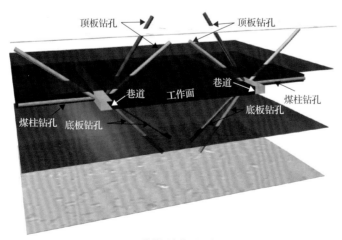

(c) 巷道围岩变形测试

图 2-17　井上和井下矿井围岩变形钻孔监测系统

在大规模、快采掘模式下，采场围岩变形测试技术需要不断创新，不仅是测试方法的创新，同时也是测试工艺的创新。利用岩巷与煤巷等巷道空间、水文钻孔和瓦斯抽放钻孔等钻孔空间，开展孔中物探、跨孔物探、双巷对穿、孔巷联合物探，可对工作面采动过程中工作面采场岩体的变形破坏进行动态监测；井下针对掘进巷道及回采工作面煤层的随钻、随掘、随采等随探系列矿井物探观测技术也是当前较为热门的研究方向，该类观测技术能够精细实时动态化地采集机械施工期间布设在其钻、掘进部件上的传感器信号，并实时反馈相关地质信息及预报预警，在地面施工至煤层工作面的垂直或倾斜钻孔，用于监测采动覆岩破坏及地下水运移等。

当前，针对采动底板岩层变形破坏监测的测试系统布设方案的选择主要包括以下几种：①在单巷或双巷内开展光纤与电法、电磁法、地震法等的工作面采动前期底板隐蔽地质异常、富水性等的探查工作，及时圈定异常构造等的空间展布情况，并提前采取措施进行处理；②通过预先在巷道、底板钻孔或底板岩体内放置各类型传感器或传感缆线，用于对工作面采动过程中底板岩体损伤破坏范围及突水危险性进行动态监测，主要包括微地震、电法、震波 CT、分布式应变/温度光纤等。图 2-18 展示了采场围岩变形破坏综合监测系统。

现场测试系统的布置方案涉及如下几个方面：①多种测试方法的组合选择。针对所要测试地质问题及监测目的，需有优势互补性及适用性，合理选择测试技术手段。②监测区位置确定、测试系统空间布设位置及方式设计。其中针对现场待研究的问题，是通过在巷道内布设传感器，还是施工监测孔，在监测孔内植入传感器，或是设计跨孔监测系统、孔-巷监测系统，以及监测系统的设计长度、钻孔数量以及设计角度等，均需要根据实际情况进行合理设计，从而能够解决实际工程底板监测问题。

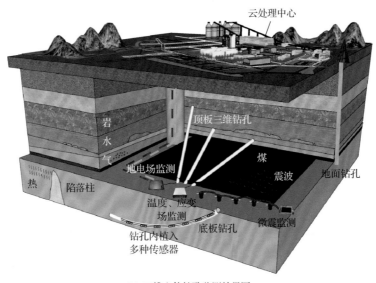

(a) 三维立体钻孔监测效果图

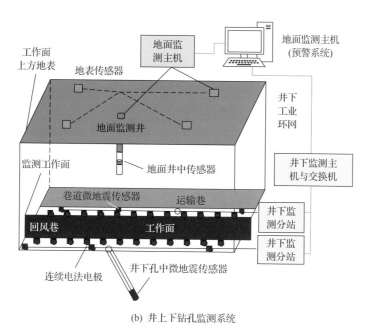

(b) 井上下钻孔监测系统

图 2-18　采场围岩变形破坏综合监测系统

2.3.1　地面监测系统布置

井上布设方法主要为地面监测系统布置，首先根据测试任务和目的对地面钻孔施工位置进行选址，选址需结合地质资料以及测试周期内的工作量。实施地面钻孔，然后结合监测目标和地质条件选择相应的光缆(器)进行钻孔布设，此过程主要包括导锤安装、线缆植入、钻孔回填、系统保护等阶段(图 2-19)。

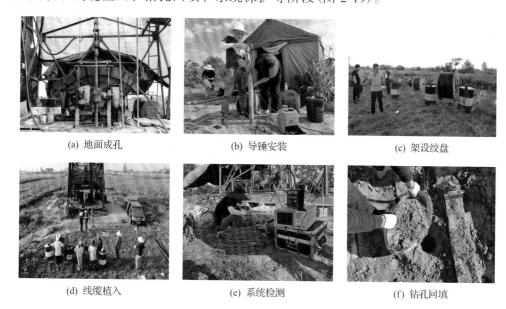

(a) 地面成孔　　　　　　　　(b) 导锤安装　　　　　　　　(c) 架设绞盘

(d) 线缆植入　　　　　　　　(e) 系统检测　　　　　　　　(f) 钻孔回填

(g) 系统保护   (h) 数据采集   (i) 远程测试

图 2-19　井上测试系统布设流程

2.3.2　井下监测系统布置

　　井下布设方法主要利用高强度轻质管件作为光缆(传感器)附着载体,将其埋设于煤层上覆岩体中(图 2-20)。该方法首先根据采场条件进行井下仰孔设计,其次实施钻孔并进行光缆布设与注浆作业,最后待钻孔达到耦合强度后采集初始值。在监测工作面回采过程中,结合实际进度进行数据定期采集,基于光缆初值和定期数据分析采动作用下钻孔控制高度内覆岩的变形破坏响应特征。该方法在施工过程中,井下钻窝的位置和规格、钻孔角度与长度都必须经过严格的计算,因而施工要求较高。考虑到各矿区的地质条件、开采工艺和监测成本,在实际中往往需要进行个性化的定制方案,加之布设流程的随意性,对光缆数据采集质量产生较大影响,这也是制约光纤感测技术应用普及的一个重要问题,亟须针对矿山工程特点,制定相应的光纤测试规范,加强测试系统布设流程的规范化与标准化,提高数据的统一性和可靠性。

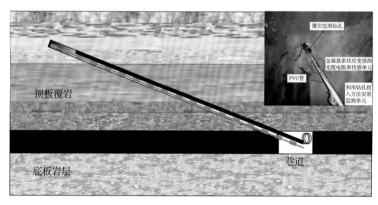

(a) 系统布置流程   (b) 测试系统安装示意图

图 2-20　覆岩变形井下监测示意图

第3章 围岩变形破坏测试模拟

目前，围岩变形破坏测试模拟方法主要有两种：其一为物理相似模拟，其二为数值模拟。模拟相似原理(analogical principle of simulation)的本质是为了使地球物理模拟得到的地球物理场特征与原位观测的物理场特征基本一致，模型的物理过程与原型的物理过程可用同一量纲的物理方程描述，描述原型和模型的物理过程的方程组中的同名物理参数应该相同(相似)，并满足模拟相似性条件，这称为模拟相似原理。

3.1 相似比与相似准则

相似物理模型试验是煤矿采场围岩变形破坏规律研究的主要手段，本章提出将 BOTDA/BOTDR 和网络并行电法相结合，建立三维立体的"光纤-电法"联合监测系统，以达到提高测试精度的目的。搭建平面应力相似模型，模拟煤矿工作面开挖。通过埋设在模型内部的传感光缆和电阻率传感单元对模型内部变形发育过程进行动态监测，对比分析采动条件下应变场和地电场的演化特征，从而揭示岩层变形破坏发育机理。

若使模型与原型相似，必须满足物理量呈一定的比例，即几何相似比、应力相似比、容重相似比和时间相似比，分别如下：

$$\alpha_L = \frac{x_H}{x_M} = \frac{y_H}{y_M} = \frac{u_H}{u_M} = \frac{v_H}{v_M} \tag{3-1}$$

$$\alpha_\sigma = \frac{[\sigma_x]_H}{[\sigma_x]_M} = \frac{[\sigma_y]_H}{[\sigma_y]_M} = \frac{[\tau_{xy}]_H}{[\tau_{xy}]_M} = \frac{[\tau_{xy}]_H}{[\tau_{xy}]_M} \tag{3-2}$$

$$\alpha_\gamma = \gamma_H / \gamma_M \tag{3-3}$$

$$\alpha_t = \sqrt{\alpha_L} \tag{3-4}$$

式中，σ 为应力；τ 为剪应力；L 为广义长度，可以为长、宽、高，也可为位移 u、v，坐标(x, y)；角标 H、M 分别为原型和模型；α_L、α_σ、α_γ、α_t 分别为几何相似比、应力相似比、容重相似比和时间相似比。原型与模型相似，还必须满足相似准则。因为应力量纲与强度(S)量纲、黏聚力(c)量纲和弹性模量(E)量纲都相同，则有

$$\alpha_\sigma = \alpha_L \alpha_\gamma = \alpha_L \frac{\gamma_H}{\gamma_M} = \frac{\sigma_H}{\sigma_M} = \frac{S_H}{S_M} = \frac{c_H}{c_M} = \frac{E_H}{E_M} \qquad (3\text{-}5)$$

通过量纲分析可知，$\alpha_\varphi = 1$，即 $\varphi_H = \varphi_M$。

3.2　顶板变形物理相似模型试验

顶板覆岩变形破坏高度是指导矿井防水煤柱留设、保证矿井安全的重要参数。物理模拟具有直观性强、灵活性好、效率高、重复性好等优点。模拟试验以淮南某矿 11 煤的地质条件为研究背景进行 11 煤回采，观测采动过程中顶底板围岩应力和位移变化规律、采场支承压力分布规律等相关内容，分析矿山压力演化、矿压显现、覆岩运移特征。在为 1231(1)工作面安全高效生产提供指导的同时，也为后续 13-1 煤回采提供参考。主要研究内容包括：观测 11 煤顶底板应力变化以及分布规律；观测 11 煤顶底板测点位移变化情况；开采过程中发生的一系列矿压现象。

3.2.1　模型构建

试验以上述 1231(1)工作面为研究背景，模型材料选用石膏混凝土，其主要成分为砂子、石灰、石膏等，通过改变胶结剂和骨料的组分，可以模拟不同类型的岩层。而胶结物的强度取决于砂子和胶结物的比例及胶结物成分的比例，即材料配比。在模型试验之前，进行了大量的相似材料配比工作，对每一种材料的配比进行了力学性质测定。模拟煤岩层的主要力学参数及相似材料用量如表 3-1 所示。根据现场及试验模型实际情况，依据相似模拟中的几何相似比确定长度比例尺为 1∶100，平面应力模型的尺寸为 4m×1.5m×0.4m。模拟开挖 11-2 煤，煤层厚度约 2.5cm。

表 3-1　模拟煤岩层的主要力学参数及相似材料用量

岩层	抗压强度/MPa	抗拉强度/MPa	容重/(kg/m³)	泊松比	相似材料用量/kg			
					砂子	石灰	石膏	水
细砂岩	98.76	1.03	2600	0.23	77.92	7.77	5.18	9.09
泥岩	35.70	0.07	2680	0.25	38.96	3.89	2.01	4.49
煤层	18.87	0.03	1530	0.21	22.25	1.11	1.11	2.45
粉砂岩	11.45	0.83	2591	0.22	68.22	3.81	3.81	7.58
花斑泥岩	40.34	0.19	2586	0.23	46.19	4.38	1.98	5.26
砂质泥岩	42.52	0.33	2720	0.22	36.15	3.61	1.55	4.13

3.2.2　测试系统布置

相似物理模型共布设两类传感单元：一类是分布式传感光缆，另一类是电阻率传感单元，传感单元的型号如图 3-1 所示。其中，传感光缆为聚氨酯紧套光缆，纤芯直径约 2mm；电阻率传感单元为自制微型电极，电极材质为铜棒，单根电极的长度约 5cm。

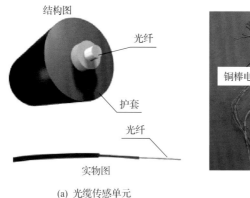

(a) 光缆传感单元　　　　　　　　(b) 电阻率传感单元

图 3-1　传感单元示意图

　　"光纤-电法"联合监测系统如图 3-2 所示，各个系统均在每次开挖完成后采集数据。如图 3-2 所示，在竖向上埋设 3 根传感光缆，分别标记为 1#、2#和 3#，每根光缆的长度均为 1.4m，其中 2#光缆位于停采线附近。电阻率传感单元共布设两条倾斜测线，共 128 个电极，分别标记为电极 1～电极 64。开挖时间间隔与开挖距离均按照现场工作面实际开采进度作为模型比例时间和距离设计，即自切眼开始开挖后，每 2h 开挖一次，一次挖掘 5cm。

3.2.3　结果分析

1）应变场测试表征

　　模型开挖期间，3 根光缆的应变分布特征如图 3-3 所示。其中，横坐标表示应变（负值为压应变，正值为拉应变），纵坐标表示模型的高度，"0"为 11-2 煤的位置，上部代表煤层顶板，下部代表煤层底板。

　　由于 1#光缆测线在布设过程中使用了弹性模量较小的硅胶封槽，光缆与岩层之间没有充分耦合，煤层开挖后两者之间发生了较大的滑移。因此 1#光缆应变数据无法对岩层变形进行定量分析，仅作定性对比。2#和 3#光缆则使用与相似模型 1∶1 的混合材料封槽，耦合效果较好，能够反映回采过程中围岩应力变化趋势。

　　11-2 煤开挖完成后，1#光缆测线位于采空区范围内，2#光缆位于停采线附近，3#光缆位于采空区前方。由图 3-3 可得，1#光缆以拉应变为主，最大拉应变约 5000με；2#和 3#光缆均以压应变为主，最大压应变约-2300με。应变测试结果与岩层控制理论一致，即采空区上方为拉伸区域，前方受超前支承压力影响为压缩区域。采动影响条件下，覆岩应力重新分布，煤层上方 0～0.4m 范围内产生应力集中区，之后受离层影响产生较大应变，如图 3-3(b)所示。通过光缆应变分布特征，能够圈定围岩变形破坏区域。结合应变及岩性综合分析，煤层上部花斑泥岩顶界面为导水裂隙带的

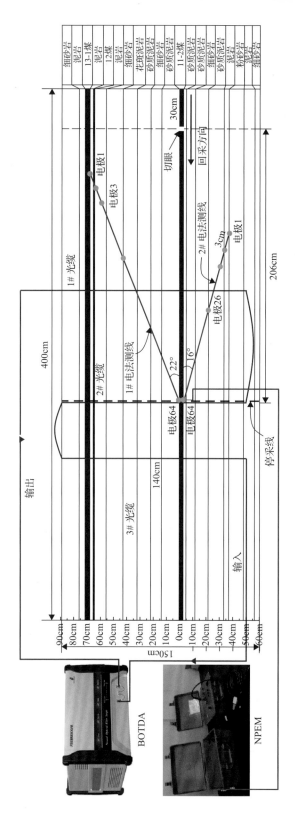

图3-2 物理模型试验及 "光纤－电法" 联合监测系统布置图

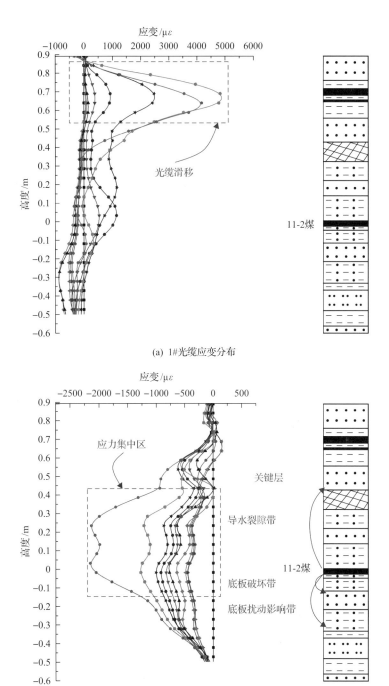

(a) 1#光缆应变分布

(b) 2#光缆应变分布

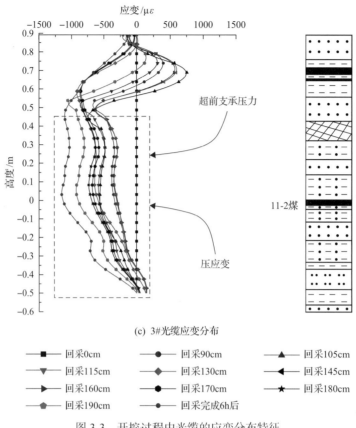

(c) 3#光缆应变分布

■ 回采0cm	● 回采90cm	▲ 回采105cm
▼ 回采115cm	◆ 回采130cm	◀ 回采145cm
► 回采160cm	● 回采170cm	★ 回采180cm
⬠ 回采190cm	● 回采完成6h后	

图 3-3 开挖过程中光缆的应变分布特征

图中岩性与图 3-2 中一致

发育高度，约 0.43m；煤层下部砂质泥岩底界面为底板破坏带发育深度，约 0.12m，底板扰动影响深度约 0.30m。

为了更好地表达 11-2 煤开挖过程中围岩在时空条件下的运移规律，选取 2#和 3#光缆的应变数据，利用克里金插值的方法绘制应变云图，将一维线性应变进行二维平面应变展示，如图 3-4 所示。其中，横坐标为开挖距离，共 2.0m，纵坐标为模型高度。

由图 3-4 可得，煤层开挖初期，2#和 3#光缆的应变基本为 0με，说明光缆附近的围岩受开采扰动的影响很小。随着煤层的开挖，由于超前支承压力的影响，围岩的压应变逐渐增加。当开挖到 1.2m 时，两根光缆的压应变均明显增大，达到约−1000με。此时 2#光缆出现两个应变峰值区，分别位于砂质泥岩与细砂岩的分界面和砂质泥岩与 11-2 煤的分界面附近，如图 3-4(a)所示。在煤层顶板 0.7m 的位置，两根光缆均测试到拉应变，分析是超前剪切应力，导致软弱煤层(13-1 煤和 12 煤)受拉。但是随着煤层的开挖，超前剪切应力也沿着工作面回采方向不断向前推进，使得该区域岩层逐渐受压，呈现压应变。煤层开挖完成后，2#光缆位于停采线附近，采空区倾向支承压力作用使得煤壁附近岩层应力急剧增大，产生应力集中区，如图 3-4(a)中的虚线所示，主要位于煤层顶底板的砂质泥岩层位。

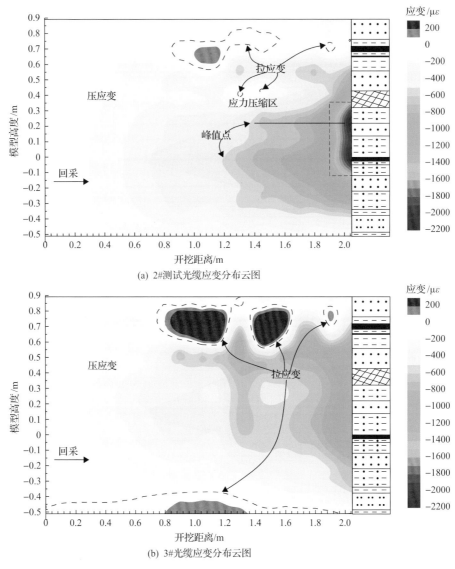

(a) 2#测试光缆应变分布云图

(b) 3#光缆应变分布云图

图 3-4　煤层开挖过程中应变分布云图

图中岩性与图 3-2 中一致

2)地电场测试表征

采用网络并行电法仪进行电阻率数据的采集,获得了 AM(500ms 供电,50ms 采样间隔)和 ABM(100ms 供电,20ms 采样间隔)两组数据。数据采集周期与应变测试保持同步,受篇幅所限,这里仅选择部分内容加以说明。

数据处理时选用 AM 数据进行解释,改变以往单孔数据反演精度较低的缺点,本次采用双孔测试数据进行联合反演,即电阻率 CT 反演,从而对数据进行约束与处理,获得不同开挖时间的岩层电阻率分布。图 3-5 为不同回采位置电阻率 CT 反演结果,其中图 3-5(a)为未开挖时围岩电阻率分布,定义为背景值,图 3-5(d)为开挖完成后 6h 采集的岩层电阻率分布特征。

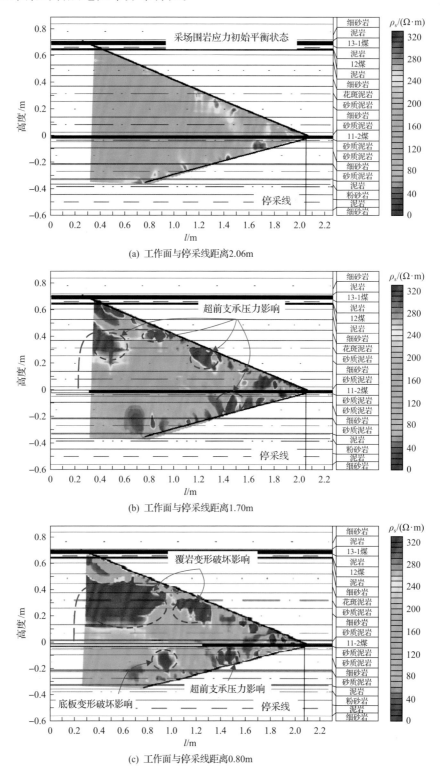

(a) 工作面与停采线距离2.06m

(b) 工作面与停采线距离1.70m

(c) 工作面与停采线距离0.80m

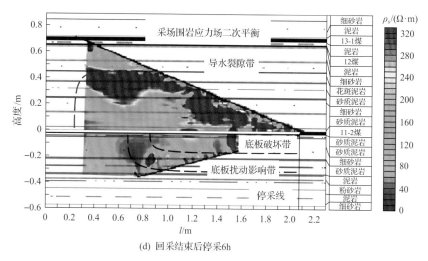

(d) 回采结束后停采6h

图 3-5 工作面回采过程底板岩层变形视电阻率反演结果

ρ_s-视电阻率

随着工作面的不断开挖，其顶底板岩层裂隙逐步发育，在超前支承压力、采空区覆岩垮落等影响下，电阻率值逐渐增大。总体特征表现为：11-2 煤顶板上方 0.45m 范围内，岩层电阻率值显著增大，约为背景值的 3 倍，分析为导水裂隙带发育导致；而 0.45m 以上岩层，在开采完成 6h 后电阻率值基本恢复为初始状态，说明其岩层的完整性较好，结构未被破坏，因此可以将其判定为未发生破坏区域。11-2 煤底板下部 0.15m 范围内，岩层也发生了明显破坏，电阻率值增大，分析为底板破坏带发育特征；0.15～0.30m 范围内岩层的电阻率局部增大，未发生整体性破坏，分析是开采扰动所致，将其定义为底板扰动破坏带。可见，电阻率变化较为明显的区域主要位于砂质泥岩、花斑泥岩以及花斑泥岩与细砂岩分界面附近，与应力集中区高度一致。因此，煤层采动过程中弹性模量较小的岩层易发生变形破坏。

3）多场综合分析

基于"光纤-电法"联合监测煤层采动过程中顶底板岩层变形破坏发育规律，所得结果如图 3-3～图 3-5 所示。应变及电阻率能够有效监测 11-2 煤回采期间的模型结构变化，对于应力超前、岩层变形破坏的过程和发育规律等特征均具有良好的分辨效果。光纤和电法方法所得结果互相验证，与模型实测裂隙发育范围具有高度一致性。其中，对于导水裂隙带高度的测试，DFOS 技术和 NPEM 的误差均为 1%；对于底板破坏带深度的测试，DFOS 的误差为 1%、NPEM 的误差为 2%；对于底板扰动影响带范围的测试，两种方法的误差均为 1%。同时，在模型未导通含水层的前提下，应力集中区和模型高阻区基本一致，介于–0.15～0.45m。

3.3 底板变形物理相似模型试验

预测煤层开采后底板岩层破坏发育规律的研究一直是煤矿安全生产十分关注的

问题，正确确定底板采动破坏深度是精确预测底板阻水能力的首要条件。煤层开采会使得底板岩体产生位移、变形乃至破坏。研究底板岩层的地电场、应变场变化情况对于掌握底板变形及破坏规律特征，预测底板突水，设计巷道的合理位置都具有十分重要的意义。特别是在受煤层底板承压水水害威胁较为严重的煤层开采过程中，更应注意对开采后底板破坏规律的测试与分析研究。

针对内蒙古准格尔煤田某煤矿工作面地质构造复杂、底板奥陶纪灰岩含水层承压水害威胁较大等实际面临的问题，构建底板隐伏构造滑剪型相似物理模型，获得工作面在采动过程中底板岩层变形和破坏的特征与规律，为矿井安全生产提供相应的技术支持和理论指导。本室内相似模型试验，通过对带压开采过程进行物理模拟，实现"光纤-电法"联合观测，获得底板裂隙发育的动态过程，为承压水的安全开采方案设计及突水预测预报提供参考。

3.3.1 模型构建

该煤矿主采 6 煤厚度约为 17m，平均埋深约 500m，为近水平煤层，其与底板奥陶纪灰岩相距约 55m，奥陶纪灰岩含水层内富水分布不均，平均水压不超过 2MPa，是主采 6 煤的间接充水含水层。

在底板隔水层结构完整条件下基本上不存在工作面突水危险，但受大地构造影响明显，已揭露错断 6 煤的断层即有 80 余处，煤层次级褶曲发育，较多错断主采煤层的小断层或底板隐伏构造仍未被发现，实际工程突水案例也证明了这类隐伏构造或小断层往往是采动底板突水灾害的主要原因。

依据本次试验台架的尺寸 3000mm×300mm×2000mm，确定模拟试验的几何相似比 α_L =100，容重相似比 α_γ =1.3，时间相似比 α_t =10，应力相似比 α_σ =130，渗透系数相似比 α_k =0.1。

根据矿井工作面实际水文工程地质资料及试验台架尺寸与结构，设计确定采深为 500m，底板隔水层模拟厚度 55m，承压含水层模拟厚度 30m，正常模拟水压 2MPa(图 3-6)。本次试验模型铺设高度为 1.7m，其中承压含水层 0.3m、底板隔水层 0.55m、6 煤 0.17m、上覆岩层 0.68m，因此，需要在模型顶部边界垂直方向施加埋深 415m 覆岩压力(约 10.38MPa)，按照原型与试验模型的应力相似比计算，模型顶部在垂直方向施加载荷为 80kPa，侧压系数近似等于 1，则在模型侧部边界施加的水平载荷约为 80kPa，模拟承压含水层水压约为 15kPa，模拟试验中承压水水压通过设计的水压控制系统持续供给相应的高压水。

本次试验底板岩层采用非亲水相似模拟材料，其由石英砂、碳酸钙、滑石粉、白水泥、凡士林、液压油调制而成；顶板岩层不涉及流固耦合问题，因此选用石英砂、石灰、石膏等常规相似模拟材料制作顶板岩层，顶底板各岩层之间均匀铺撒适量云母片分隔，各岩层材料配比见表 3-2。

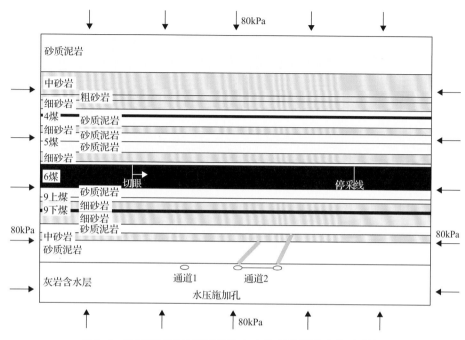

图 3-6　特厚煤层采动底板构造突水物理模拟试验模型设计图

表 3-2　试验模型岩层材料配比及主要物理力学性能参数

岩层名称		模型厚度/cm	累计厚度/cm	配比号	抗压强度/MPa	
					实际强度	模拟强度
顶板	中砂岩	16.6	170.2	12∶5∶5	39.7	0.30
	粗砂岩	4.0	153.6	12∶7∶3	28.0	0.23
	细砂岩	6.6	149.6	12∶6∶4	37.5	0.26
	砂质泥岩	4.0	143.0	13∶4∶6	19.8	0.13
	4 煤	1.2	139.0	13∶5∶5	14.1	0.12
	砂质泥岩	7.2	137.8	13∶4∶6	19.8	0.13
	细砂岩	5.2	130.6	12∶6∶4	37.5	0.26
	泥岩	6.0	125.4	13∶5∶5	16.7	0.13
	5 煤	0.4	119.4	13∶5∶5	14.1	0.12
	泥岩	7.6	119.0	13∶5∶5	16.7	0.13
	细砂岩	7.0	111.4	12∶6∶4	37.5	0.26
	砂质泥岩	2.2	104.4	13∶4∶6	19.8	0.13
煤层	6 煤	17.0	102.2	13∶5∶5	14.1	0.12

岩层名称		模型厚度/cm	累计厚度/cm	配比号	抗压强度/MPa	
					实际强度	模拟强度
底板隔水层	砂质泥岩	6.6	85.2	9.51：1.30：1.00：0.20：0.80：0.45	19.8	0.13
	9 上煤	0.8	78.6	13.87：1.00：1.00：0.22：1.00：0.55	14.1	0.12
	砂质泥岩	3.0	77.8	9.51：1.30：1.00：0.20：0.80：0.45	19.8	0.13
	细砂岩	5.6	74.8	7.28：1.18：1.00：0.36：0.54：0.46	37.5	0.26
	9 下煤	1.8	69.2	13.87：1.00：1.00：0.22：1.00：0.55	14.1	0.12
	细砂岩	8.8	67.4	7.28：1.18：1.00：0.36：0.54：0.46	37.5	0.26
	砂质泥岩	6.4	58.6	9.51：1.30：1.00：0.20：0.80：0.45	19.8	0.13
	中砂岩	5.6	52.2	7.28：1.18：1.00：0.36：0.54：0.46	39.7	0.26
	砂质泥岩	16.6	46.6	9.51：1.30：1.00：0.20：0.80：0.45	19.8	0.13
承压含水层	灰岩	30.0	30.0	8.64：0.82：1.00：0.55：0.46：0.32	54.5	0.41
导水构造	隐伏构造	—	—	15.56：0.56：1.00：0.44：0.89：0.39	—	0.10

3.3.2 模型制作及传感器布设

1. 模型制作

由于试验过程中需要使用地电场监测技术，考虑到模型试验台架的金属材质可能会对电场信息造成干扰，预先对试验台架等与物理模型接触区域进行了绝缘喷漆处理；随后开展物理模型铺设工作，具体包括按照各隔水岩层流固耦合相似材料配比号依次进行称量，对凡士林进行加热，称量好的骨料倒入搅拌机进行搅拌，待搅拌骨料搅拌均匀后倒入水、液压油、凡士林直至整体搅拌均匀；将搅拌好的各层材料按照要求铺设于试验台架中，材料铺设过程中同时需在预定位置铺设固定好出水管路，其中隐伏导水构造位置需使用对应的配比号单独配制并进行压实处理。

另外，分布式应变传感光纤、光纤光栅串及压力盒等监测元件依次布置在模型中相应层位；待完成模型整体制作后静置3～5d，开展模型表面位移点布置、模型背面电法电极固定及模型前后挡板固定等工作。底板含隐伏导水构造物理模型制作过程如图3-7所示。

2. 传感元件布设

试验中重点采用地电场监测技术并辅以应变场监测技术对底板含构造条件下的多相(固相、液相)、多场(应力场、渗流场)耦合致灾机理及其演变过程开展综合监测研究，以期通过捕捉到的多物理场信息变化揭示采动与水压共同作用下的底板裂

(a) 材料	(b) 绝缘处理	(c) 称重	(d) 加热

(e) 传感器布设	(f) 隐伏裂隙制作	(g) 出水孔铺设	(h) 搅拌

(i) 表面布点	(j) 固定有机玻璃板

图 3-7　底板含隐伏导水构造物理模型制作过程

隙扩展与构造活化突水灾变互馈机制。所以，相似物理模型中各传感监测元件的布设位置、数量、长度等相关信息见传感监测元件布置示意图，如图 3-8 所示。

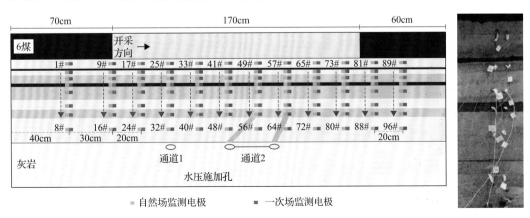

(a) 地电场

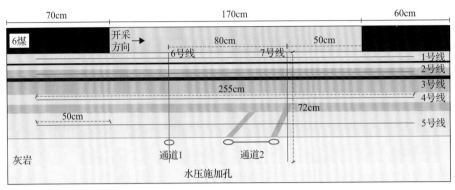

—— 分布式应变传感光纤

(b) 应变场

图 3-8　底板含隐伏导水裂隙物理模型传感监测元件布置示意图

3.3.3　结果分析

1. 隔水层裂隙场演化过程

由图 3-9 可以看出,煤层工作面开采过程中底板隔水层内采动裂隙场的萌生、发育、扩展演化过程在时空域上可分为横纵向演化(0～85cm)和横向周期演化(85～

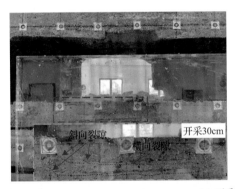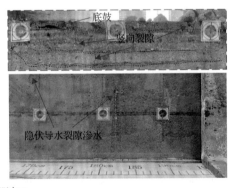

(a) 开采距离35cm

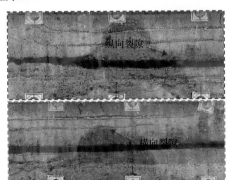

(b) 开采距离45cm

(c) 开采距离65cm

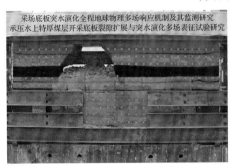
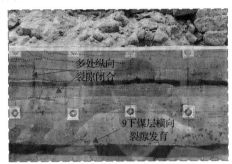

(d) 开采距离85cm

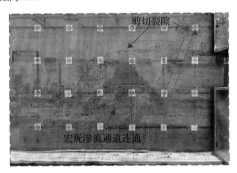

(e) 开采距离120cm

(f) 开采距离170cm

图 3-9　采动底板可视裂隙场扩展演化过程

170cm)共两个阶段,基于"三层段"法对底板隔水层划分出的顶部层段、中间层段和底部层段,我们又可以将横纵向演化阶段细分为顶层横纵向演化阶段(0~65cm)和顶—中层横纵向演化阶段(65~85cm),各演化阶段主要受到工作面开采距离及隔水层不同层段岩层岩性控制等因素影响。

其中,在顶层横纵向裂隙演化阶段内的工作面底板切眼处裂隙主要发育呈一定倾斜角度指向工作面切眼保护煤柱的斜向裂隙,开采距离在 0~35cm 时,可明显观察到切眼附近底板岩层出现了底鼓现象,岩层内横向裂隙发育的同时纵向裂隙也在不断出现,此阶段覆岩直接顶出现部分掉落;开采 45cm 时,顶板出现垮落,致使底板浅部底鼓和横纵向裂隙出现一定闭合;开采 65cm 时,顶板砂岩层出现再次垮落,新发育的横纵向裂隙主要分布在刚开采区域及顶部层段内的下方,该阶段裂隙扩展演化仍处于顶层横纵向演化阶段;开采 65~85cm 过程中,裂隙发育深度突破顶部层段进入中间层段的 9 下煤层处并以横向裂隙发育为主,该阶段为顶—中层横纵向演化阶段;开采 85cm 后,裂隙在深度上不再发生扩展,随工作面的持续推进,裂隙前段向工作面推进方向不断发育延伸并呈周期性分布规律,其间开采距离在 85cm、110cm 和 120cm 时,覆岩出现大面积垮落现象;开采至 170cm 即停采线位置处时,底板裂隙逐渐斜向上发育,中间层段内的细砂岩层也出现了沟通 9 下煤和顶部层段的斜向裂隙,与此同时纵向裂隙发育增多。

2. 地电场变化特征分析

图 3-10 为数据处理后获得的底板损伤突水时空域演变电流变化率云图,图件直观明了地从面上展示了整个底板监测区域内多场(应力-渗流)耦合作用下的时空域

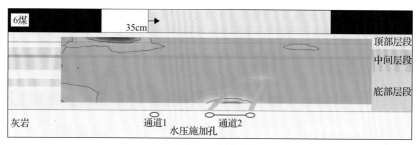

(a) 开采35cm地电场结果

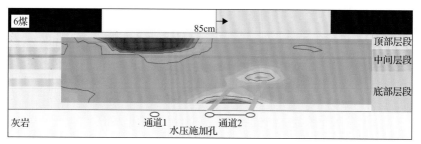

(b) 开采85cm地电场结果

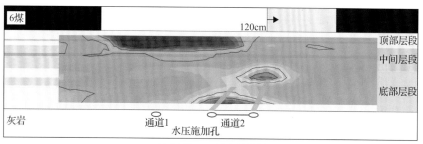

(c) 开采120cm地电场结果

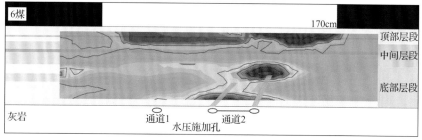

(d) 开采170cm地电场结果

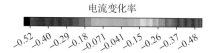

图 3-10　底板损伤突水时空域演变电流变化率云图

演化过程，较为清晰地勾勒出采动各阶段底板破坏发育及承压水渗流扩散边界范围的动态变化，各阶段云图结果与上述底板裂隙场演化特征基本一致。

开采 0～65cm 过程中，底板采动破坏带范围在底板横纵向上持续扩大，电流变化率整体表现为负值，其中，横向上的破坏随工作面向前推进而不断发育，纵向上的破坏随工作面采动距离增大也不断向下延伸，但仍位于顶部层段内发育；工作面切眼处破坏带边界形态为从保护煤柱内部倾斜指向工作面下方且随工作面开采倾角有增大趋势，开采 35cm 时倾角为 15°、开采 65cm 时倾角增大至 22°；随工作面开采距离增加，保护煤柱一侧底板的压应力集中程度在不断增大，横向上扰动影响距离最大达 24.5cm、集中影响距离约 10.2cm，开采距离在 65cm 左右，破坏带内电流变化率最小约–0.52，表明该开采阶段底板破坏带内的岩体破坏程度最为严重，综合分析破坏带电流变化率在–0.15 以下。该过程中底部层段内承压水因隐伏导水裂隙活化而出现一定程度水体渗流扩散，水体渗流区域的电流变化率约为 0.2。

开采 65～85cm 过程中，采动底板破坏带纵向发育突破顶部层段至中间层段，中间层段以硬岩为主(细砂岩)，中间夹有一层 9 下煤，该煤层为中间层段的主要破坏区域；由于开采 85cm 时，覆岩出现大面积垮落，采空区底板受压致使裂隙出现部分闭合，电流变化率也由最小–0.52 升高至–0.48，同时，切眼下方泄压角进一步增大至 29°，上升 31.8%，但保护煤柱下方应力集中距离减小 6.2cm，扰动影响距离减小值为 20.3cm，分别下降 39.2%、17.1%，上述变化表明，覆岩大面积岩体垮落对工作面底板顶部层段内以软岩(砂质泥岩)为主的应力释放具有较大影响。该过程中，由于工作面逐渐靠近底板隐伏导水裂隙区，构造周围裂隙进一步发育，从该阶段水体渗流扩散仍以横向扩散为主可看出，裂隙仍以沿层间接触界面处发育横向裂隙为主。

开采 85～170cm 过程中，纵向上的采动底板破坏深度不再扩大，最大深度基本稳定在中间层段内的 9 下煤层附近，工作面停采前在横向上的破坏范围表现为随工作面不断推进呈平均滞后 4.3～10.1cm 的周期性扩展过程；而开采 120cm 时的这一滞后数据达到了 19.3cm，这主要是因为在开采 110cm 和 120cm 期间发生了多次覆岩大面积整体垮塌并压实底板现象，工作面推进处围岩内应力释放剧烈加之覆岩大量岩体压实底板，致使工作面开采至 120cm 附近时抑制了下方裂隙在横向上的周期性扩展进程，故底板横向破坏滞后数据远超过其他开采阶段，这一过程也使得采空区底板顶部层段内的电流变化率整体有所回升，上述过程从模型实物图(图 3-9)中采空区 105～120cm 处的大量覆岩垮落的完整岩块及其下方裂隙场发育情况均能够得到证实；开采 120～170cm 期间，覆岩未发生大面积垮塌，该区域底板电流变化率整体小于–0.4，而 0～120cm 采空区底板电流变化率则在持续回升，开采结束后则稳定在 –0.2 左右。

3. 应变场分布特征分析

试验模型底板纵向 6 号、7 号光纤数据及不同埋深测点应变变化特征如图 3-11 所示，由图可见，工作面开采过程中，6 号纵向光纤整体主要表现为受拉状态，其中埋深 3cm 测点位于破坏带内，采后 40cm 时拉应变最大达 500με，随后应变有所减小并稳定在 400με 附近，随深度增加，底板受采动影响逐渐减弱，该区域底板破坏带为卸压区。

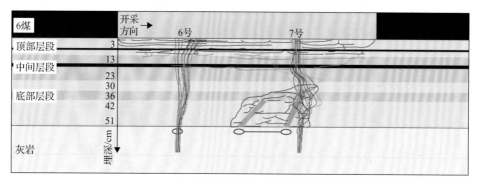

(a) 光纤测试应变场变化结果

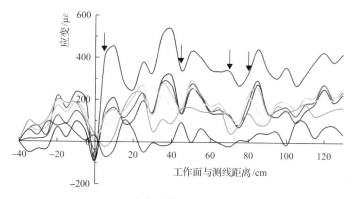

(b) 不同回采位置光纤应变结果

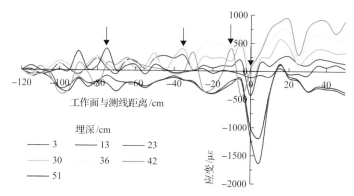

(c) 不同测点光纤应变变化情况

图 3-11　纵向光纤数据及不同埋深测点应变变化特征

　　7 号纵向光纤位于压-拉转换区，工作面距离测线较远时，底板浅部主要为压应变，中间层段和测线底部层段主要为拉应变，随工作面逐渐靠近，数据波动幅度和频率增加，尤其是隐伏构造附近测点出现了持续性的拉压变化，表明该过程中构造活化并有裂隙发育，工作面到达测线上方后，破坏带内测点应变由–200με 迅速减小至–1500με，随后迅速增大至 100με，当上覆岩层垮落压实后，破坏带内测点应变由拉又转为压，稳定阶段压应变约为–300με，而底部层段内隐伏构造周围测点则随工作面开采后，整体拉应变有所增加，在 500με～1000με 范围波动并最终有所减小，表明工作面开采至隐伏导水构造上方以及越过 30cm 范围内为构造活化最为剧烈的阶段，该过程中构造围岩剪切裂隙扩展发育，使得测点拉应变显著增大。

3.4　采场围岩变形破坏数值模拟

　　随着计算机技术的发展，岩土力学的发展取得了长足的进步，特别是在岩土力学的数值计算和模拟方面尤其突出。各种数值模拟方法，如有限元法（FEM）、有限体积法（FVM）、有限差分法（FDM）、边界元法（BEM）、离散元法（DEM）、流形元法

(MEM)以及无单元法(element-free method)等相继出现，并且在科学研究和工程应用方面，无论是过去还是现在都发挥着重要作用，特别是在工程应用领域，没有数值计算和模拟的参与几乎是无法想象的事情。

同样地，在矿山工程领域，这些数值模拟方法也起着重要的辅助和指导作用。开展数值模拟研究对煤层开挖、采场围岩变形力学行为分析预测与计算以及合理给出变形规律和确定优化的生产计划，具有十分重要的意义。本章节基于FLAC^{3D}(fast Lagrangian analysis of continua in 3 dimension)数值模拟软件开展采场围岩变形破坏研究。

FLAC^{3D}是美国ITASCA国际集团开发的三维数值有限差分数值模拟软件，是应用于土木工程、交通、水利、石油及采矿工程、环境工程的通用软件，是国际岩土工程学术界指定的分析软件，并赢得了良好的声誉。其特征如下：应用广泛、运行速度快、功能强大、经过实践验证；能够模拟连续介质大变形，并提供分离面和滑移面选择，可用于模拟断层节理或摩擦边界。便于统计参数的梯度变化或分布；按照预定的形状自动生成三维网格模型；边界条件和初始条件设置方便。

FLAC是连续介质快速拉格朗日分析法(fast Lagrangian analysis method)的英文缩写，该方法最早由Wilkins用于固体力学，后来被广泛用于研究流体质点随时间变化的情况，即着眼于某一个流体质点在不同时刻运动轨迹的速度、压力等。FLAC^{3D}是FLAC力学分析法在三维空间的拓展。如果给定了初值和(或)边界值，有限差分法有可能是解微分方程最古老的数学方法，在有限差分法中，空间离散点处的控制方程组中每一个导数直接由含场变量(如应力和位移)的代数表达式替换，这些变量没有在单元内部进行定义。FLAC^{3D}分析在求解中使用如下三种计算方法：①离散模型方法，连续介质被离散为若干六面体单元，作用力被集中在节点上；②有限差分方法，变量关于空间和时间的一维导数均用有限差分近似表示；③动态松弛方法，由质点运动方程求解，通过阻尼系统运动方程衰减至平衡状态。

3.4.1 FLAC^{3D}原理及流程

应用FLAC^{3D}数值模拟软件的流固耦合分析模块，建立了针对深部承压水下采煤的裂隙岩体水力学模型。从应力应变、裂隙、渗流等共同作用的角度出发，研究深部采场底板变形演化全程地球物理多场响应机制。

FLAC^{3D}流固耦合模块中，将岩体视为多孔介质，流体在岩体中的流动满足达西(Darcy)定律，同时满足毕奥(Biot)流固耦合方程，其表达式为

$$\begin{cases} G\nabla^2 u_j - (\lambda+G)\dfrac{\partial \varepsilon_v}{\partial x_j} - \dfrac{\partial P}{\partial x_j} + f = 0 \\ K\nabla^2 P = \dfrac{1}{S}\dfrac{\partial P}{\partial t} - \dfrac{\partial \varepsilon_v}{\partial t} \end{cases} \tag{3-6}$$

式中，G 为剪切模量；λ 为拉梅 (Lame) 常量；P 为孔隙水压；t 为时间；ε_v 为体应变；x_j、u_j、f 分别为 j 向的坐标、位移及体积力；K 为渗透系数；S 为孔隙度；P/x_j 为渗流场对岩体骨架的影响，其本质为流体流动产生的渗透性影响了固体骨架的有效应力，进而影响其变形；ε_v/t 为固体骨架体应变对渗流场的影响，该公式为软件内部流固耦合的实现原理。可以看出，经典的 Biot 方程能很好地反映介质孔隙压力消散与介质骨架变形之间的相互作用，但该方程中介质的渗透性是不随介质内的应力场而改变的恒定量，不能满足动量守恒定律。因此，采用式 (3-7)：

$$K = \frac{\rho g}{12\mu_k s}\{B + [(1 - R_m)s + B]\Delta\varepsilon\}^3 \tag{3-7}$$

式中，ρ 为密度；B 为裂隙宽度；s 为裂隙间距；$\Delta\varepsilon$ 为应变增量；μ_k 为动力黏滞性系数；g 为重力加速度；R_m 为岩石体积模量的变化率，$R_m = E_m/E$，其中，E_m 和 E 分别为单向压缩作用下岩体和岩石骨架的弹性模量。FLAC^{3D} 软件一般解决问题的流程如图 3-12 所示。

3.4.2　顶板变形数值模拟

为了科学布设井下观测系统，使得传感器选型、钻孔参数设计等更具有代表性，利用 FLAC^{3D} 模拟了采动过程中的覆岩变形破坏规律，初步掌握其应力场及塑性区破坏范围。从而为井下现场监测提供技术参考。

依据淮南某矿 1312(1) 工作面 11-2 煤顶底板岩层赋存情况，将其进行简单化处理建立 FLAC 数值模型。模型岩层的岩石力学参数主要根据现场钻孔地质资料和室内岩石力学试验获得。建模所需参数如表 3-3 所示。

表 3-3　11-2 煤顶底板岩层力学参数表

岩性	力学参数					
	体积模量/GPa	剪切模量/GPa	抗拉强度/MPa	内摩擦角/(°)	内聚力/MPa	容重/(kg/m³)
粉砂岩	8.33	8.36	6.81	36	6.2	2500
砂质泥岩	5.97	4.68	4.54	33	4.74	2500
泥岩	3.62	1.33	2.14	30	2.50	2300
11-2 煤	2.50	1.72	2.60	26	2.10	1450
细砂岩	10.78	10.37	18.61	44	9.98	2780

如图 3-13 所示建立 11-2 煤回采数值仿真计算模型，模型长、宽、高分别为 340m、260m、120m。其中煤层底板厚度定义为 16.7m，单元类型为莫尔-库仑 (Mohr-Coulomb) 模型。模拟时，将覆岩岩性相同的岩层划分为一组，整个模型岩层共计 23 层，模拟开挖 180m，走向两端各预留 80m 保护煤柱，倾向两端各预留 40m 保护煤柱。在数

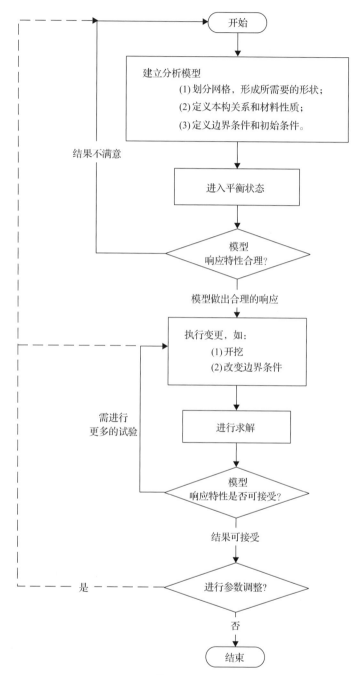

图 3-12 FLAC^{3D} 软件一般解决问题流程

值模型左右两端对 X 方向的位移进行约束，即在 X=0m 与 X=260m 面上限制水平方向的位移；数值模型的底部封闭式约束，即在 Z=0m 平面对位移进行全约束；数值模型前后表面约束 Y 方向位移。模型上部搭载应力边界因素，即 Z=120m 面上实施均匀的荷载，根据原始的地应力换算，依据实际情况将煤层覆岩自重应力按等效荷载施加到模型顶部上部岩层。

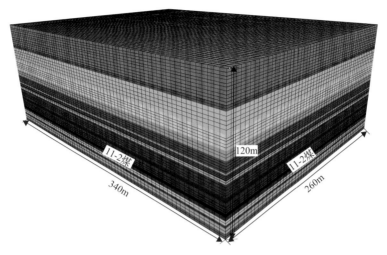

图 3-13　数值仿真计算模型示意图

　　为了近似同步实际煤层回采进程，FLAC^{3D}数值模拟开挖过程采取分步进行，每次推进 20m，共开挖 9 步。本次模拟的重点是研究上覆岩层随煤层回采的变形破坏过程，并通过数值模拟结果判断导水裂隙带发育高度。

　　为了研究随着煤层开挖距离的增大，采场覆岩变形破坏的应力场分布特征。我们从中提取不同推进距离的垂直应力场云图、塑性区破坏进行综合分析。所述剖面的位置均位于采场中间区域，即煤层倾向 130m 位置沿着走向的垂直剖面。图 3-14 为煤层开挖完成后围岩塑性区及最大主应力分布范围。如图 3-14(a)所示，煤层开挖过程中处于塑性区破坏的岩层，其采动引起的裂隙发育较为完整，达到关键层位以下。总体形成垮落带和导水裂隙带，但是由于二者在模拟中分界线较不明显，将"两带"统一称为导水裂隙带。为了确保破坏高度的准确性，以最后一次开挖破坏高度为准。整个工作面上覆岩层塑性区破坏呈"马鞍状"分布状态。采空区上方以剪切破坏为主，下部拉伸破坏与剪切破坏共存。如图 3-14(b)所示，回采期间采场覆岩和底板出现明显的拱形卸压区，并且随着开挖距离的加大，卸压拱的半径也在不断加大，原因在于煤壁和工作面两侧与围岩形成拱形应力承载结构，采煤工作面覆岩的应力分布呈现"马鞍状"。

　　图 3-15 为覆岩塑性区最大发育高度及工作面最大主应力与煤层回采进程三者之间的动态关系。可见，随着工作面的持续开挖，模型中部最大主应力增大，当开挖达到一定距离后即 140m，最大主应力增长幅度逐渐降低。同时，覆岩塑性区发育高度达到峰值，后期将处于稳定状态。

　　综上所述，数值模拟结果显示，覆岩塑性区破坏形态良好地展示出煤层采动过程中上覆岩层受到扰动的范围。通过对塑性区的分析可知，随着工作面的推进，顶

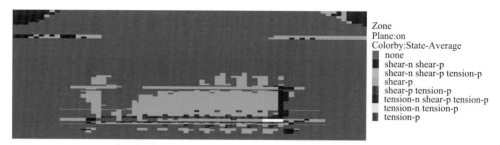

(a) 开采扰动塑性区分布结果

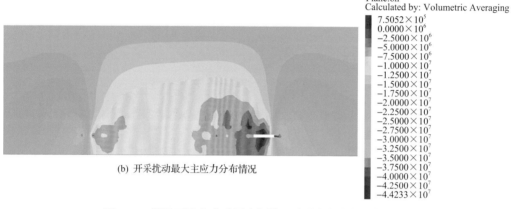

(b) 开采扰动最大主应力分布情况

图 3-14　煤层开挖完成后围岩塑性区及最大主应力分布范围

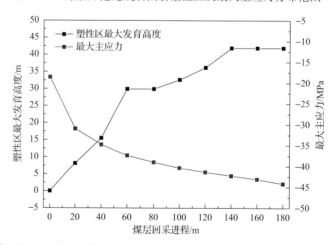

图 3-15　覆岩塑性区最大发育高度及工作面最大主应力与煤层回采进程三者之间的动态关系

板岩层破坏区域逐渐增加，但是当开挖到 140m 后塑性区发育趋于稳定，最大发育高度值为 41.9m。而且工作面前端顶板岩层的破坏范围虽然有所发育，但只是局部性的。同时，随着工作面的推进，岩层中的应力分布逐渐增大，在水平方向上，工作面上方应力值偏小，在工作面前后方煤壁处应力值最大。普遍规律表现为工作面前方岩体中的应力值大于工作面后方岩体中的应力值。

塑性区范围及垂直最大主应力在煤层开挖初期(开挖 60m 左右)近似呈线性增长

趋势；开挖后期两者的增长速率均有所减缓，同时塑性区发育高度趋于稳定状态。所获得的认识可为物理模拟和现场工程实践提供基础。

3.4.3　底板变形数值模拟

为了研究煤层深部开采底板多物理场演化特征，建立了大采深下的底板数值模型，结合淮南某矿区 A 组煤赋存地质条件，本节对煤层采深 600m，底板奥陶纪灰岩水 5 内设置 4MPa 水压和灰岩 4 内设置水压 2MPa 水压条件下，底板采动效应进行模拟。模型长 300m、宽 200m、高 73m，煤层采厚 3m，工作面宽度 80m，底板隔水层厚度 50m，模拟地层倾角 0°，地质模型如图 3-16 所示。

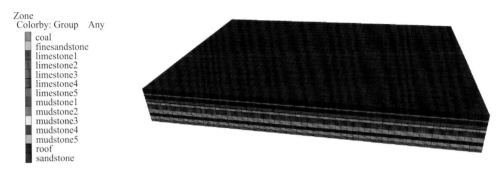

图 3-16　模型示意图

所建模型力学边界条件为：底部采用全约束边界条件；模型顶部采用自由边界，通过施加面力来代替模型未能模拟到的岩层及上部松散层；煤层底板采用自由边界条件，顶部施加 15.13MPa 的压力，用以模拟上覆地层重力；模型前、后、左、右边界采用 X、Y 方向固定，同时施力。渗流边界条件为：含水层底板采用固定水压边界模拟灰岩含水层水压，其余为隔水边界，工作面回采之后，采空区为排水边界。计算中采用 Mohr-Coulomb 塑性本构模型和 Mohr-Coulomb 屈服准则。模拟重点研究底板采动效应特征，因此，对于煤层部分覆岩进行了概化，用"顶板"替代，模拟所取岩体力学参数与渗透系数见表 3-4。

表 3-4　A 组煤工作面顶、底板岩层岩体力学参数与渗透系数表

岩性	岩体力学参数							
	弹性模量/GPa	剪切模量/GPa	内聚力/MPa	内摩擦角/(°)	抗拉强度/MPa	容重/(kg/m³)	渗透系数/(m/s)	孔隙率
顶板	15.2	6.8	6.2	29.2	4.2	2880	5.8×10^{-9}	0.20
煤层	14.2	3.2	4.2	28.6	4.80	2658	2.2×10^{9}	0.06
泥岩 1	14.2	4.0	6.2	31.2	46	2606	2.4×10^{-7}	0.10
砂岩	15.2	4.8	4.8	31.6	4.8	2575	3.8×10^{-7}	0.04
泥岩 2	14.2	4.0	6.2	31.2	4.6	2606	2.4×10^{-8}	0.10

续表

岩性	岩体力学参数							
	弹性模量 /GPa	剪切模量 /GPa	内聚力 /MPa	内摩擦角 /(°)	抗拉强度 /MPa	容重 /(kg/m³)	渗透 系数/(m/s)	孔隙率
灰岩1	15.6	4.8	4.2	31.2	4.2	2575	3.0×10^{-8}	0.04
泥岩3	14.2	4.0	6.2	30.4	4.8	2662	2.0×10^{-8}	0.06
灰岩2	15.6	4.8	6.2	31.2	4.2	2575	3.3×10^{-7}	0.04
泥岩4	14.2	4.0	6.2	30.4	4.8	2626	2.4×10^{-8}	0.10
灰岩3	15.6	4.8	4.2	31.2	4.2	2575	3.2×10^{-7}	0.04
细砂岩	15.2	4.2	4.8	32.8	4.6	1575	8.0×10^{-7}	0.05
灰岩4	15.6	4.8	6.2	31.2	4.2	2575	3.0×10^{-8}	0.04
泥岩5	14.2	4.0	4.2	30.4	4.8	2628	2.4×10^{-8}	0.10
灰岩5	16.2	6.8	6.2	31.2	6.2	1575	8.0×10^{-7}	0.05

1) zz 方向垂向应力分析

观察模型垂向应力云图 3-17 可知,初始状态,垂向应力按照深度递增;开挖 40m 时,采空区正上方和正下方均出现小范围的拉应力集中区,切眼位置出现压应力集中现象;开挖 80m 时,切眼位置和工作面位置应力集中区域增大,以压应力为主,底板压应力从浅到深经历了压应力先减小再增大的变化;随着采动的进行,开挖至 120m 时,采动对底板的影响范围进一步扩大,底板深度 14～20m 范围出现拉应力区,其他层段主要为压应力;开挖至 160m 时,底板垂向应力影响区呈"梯形"分布,底板深度 15～25m 范围出现拉应力区,且拉应力区呈"条带状"分布;开挖至 200m 时,底板垂向应力影响区进一步扩大,底板深度 13～29m 范围出现拉应力区,失去上覆地层的作用,底鼓趋势加强。

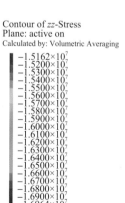

Contour of zz-Stress
Plane: active on
Calculated by: Volumetric Averaging

-1.5162×10⁷
-1.5200×10⁷
-1.5300×10⁷
-1.5400×10⁷
-1.5500×10⁷
-1.5600×10⁷
-1.5700×10⁷
-1.5800×10⁷
-1.5900×10⁷
-1.6000×10⁷
-1.6100×10⁷
-1.6200×10⁷
-1.6300×10⁷
-1.6400×10⁷
-1.6500×10⁷
-1.6600×10⁷
-1.6700×10⁷
-1.6800×10⁷
-1.6900×10⁷
-1.6964×10⁷

(a) 开挖0m时zz方向应力云图

Contour of *zz*-Stress
Plane: active on
Calculated by: Volumetric Averaging

9.5508×10^6
5.0000×10^6
0.0000×10^0
-5.0000×10^6
-1.0000×10^7
-1.5000×10^7
-2.0000×10^7
-2.5000×10^7
-3.0000×10^7
-3.5000×10^7
-4.0000×10^7
-4.5000×10^7
-5.0000×10^7
-5.5000×10^7
-5.8360×10^7

(b) 开挖40m时*zz*方向应力云图

Contour of *zz*-Stress
Plane: active on
Calculated by: Volumetric Averaging

8.9385×10^5
0.0000×10^0
-5.0000×10^6
-1.0000×10^7
-1.5000×10^7
-2.0000×10^7
-2.5000×10^7
-3.0000×10^7
-3.5000×10^7
-4.0000×10^7
-4.5000×10^7
-5.0000×10^7
-5.5000×10^7
-6.0000×10^7
-6.5000×10^7
-6.8560×10^7

(c) 开挖80m时*zz*方向应力云图

Contour of *zz*-Stress
Plane: active on
Calculated by: Volumetric Averaging

8.7044×10^5
0.0000×10^0
-5.0000×10^6
-1.0000×10^7
-1.5000×10^7
-2.0000×10^7
-2.5000×10^7
-3.0000×10^7
-3.5000×10^7
-4.0000×10^7
-4.5000×10^7
-5.0000×10^7
-5.5000×10^7
-6.0000×10^7
-6.5000×10^7
-7.0000×10^7
-7.5000×10^7
-7.6938×10^7

(d) 开挖120m时*zz*方向应力云图

Contour of Zone Pore Pressure
Plane: active on
Calculated by: Volumetric Averaging

1.1177×10^7
1.0000×10^7
5.0000×10^6
0.0000×10^0
-5.0000×10^6
-1.0000×10^7
-1.5000×10^7
-2.0000×10^7
-2.5000×10^7
-3.0000×10^7
-3.5000×10^7
-4.0000×10^7
-4.3557×10^7

(e) 开挖160m时*zz*方向应力云图

(f) 开挖200m时zz方向应力云图

图 3-17　*zz* 方向垂向应力云图

由图 3-18(b)各监测点的垂向应力响应特征曲线可知，开挖前各监测点的垂向应力分布与埋深线性相关；开挖至 40m 时，各监测点基本不受采动影响；开挖至 80m 时，监测点 1～5 的压应力增大，其原因为工作面接近监测点，监测点所在位置岩层处于工作面前方应力集中区，且监测点 1 的压应力增幅最大，监测点 5 的压应力增幅最小，可以看出，应力集中程度与监测点位置相关，底板上浅部的监测点应力集中程度更大，深部的监测点反之；开挖至 120m 时，工作面已经越过监测点位置，监测点 1～5 出现明显的压应力降低的现象，压应力降低程度为近煤层的压应力降低程度大，远离煤层的降低程度小；开挖至 160m 时，5 个监测点均表现为拉应力持续增大，监测点 3 处为拉应力，监测点 1～5 的应力情况为压应力—拉应力—压应力；开挖至 160m 时，工作面已离开监测点一定距离，对监测点垂向应力的影响较小。

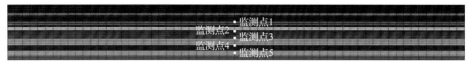

(a) 监测点设置

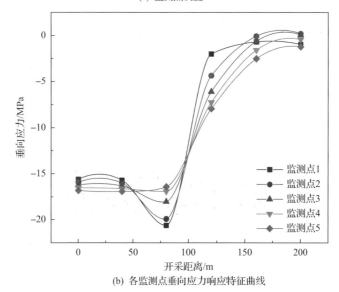

(b) 各监测点垂向应力响应特征曲线

图 3-18　监测点设置及各监测点垂向应力响应特征曲线

2) 塑性区分析

开采的各个阶段，底板塑性区最大深度见表 3-5。

表 3-5　开采过程中底板塑性区最大深度统计及所处层位

开采距离/m	0	40	80	120	160	200
塑性区最大深度/m	0	13	15	17	20	25
所处层位	无	灰岩 1 和泥岩 2 接触面	泥岩 3 和灰岩 1 接触面	泥岩 3 中部	灰岩 3 上部	灰岩 3 和泥岩 4 接触面

分析塑性区深度可知，塑性区的深度随开采距离的增大而加深，最大深度为 25m，为灰岩 3 和泥岩 4 的接触面。淮南矿区深部底板岩层多且薄，底板裂隙的发育受采动和底板岩性共同作用。在 2MPa 底板水压作用下，底板破坏区未涉及关键含水层，引发关键含水层突水的可能性极小。但灰岩 1～3 层发生塑性变形，因其含水性较弱，可能会引起小范围的灰岩水进入底板裂隙的情况发生。应变场信息反映，煤层底板岩体结构受到超前应力压缩、采时剪切影响、采后卸压膨胀，在浅部形成岩体结构破裂程度较大区域，即破坏带深度。

通过数值模拟(图 3-19)可以看出，受工作面采动影响，煤层底板岩层发生变形和破坏，其特征变化表现为底板浅部岩体产生拉张破坏，形成浅部破坏区。工作面的采动应力随着深度增加而减小，下部岩层在其破坏极限程度内发生压缩或者弯曲形变，进而在软岩层位或岩层界面附近发育裂隙或真空离层发育。这种特征发育到一定程度后便不再持续发展，形成了局部裂隙场。再向下则岩体受到采动扰动发生微变形，其结构保持相对的完整性与抗渗性，未形成破坏区域。而这种裂隙与离层发育是一个动态变化的过程，具有一定的分层性。

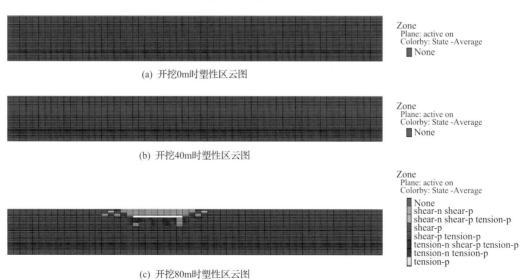

(a) 开挖0m时塑性区云图

(b) 开挖40m时塑性区云图

(c) 开挖80m时塑性区云图

Zone
Plane: active on
Colorby: State -Average
■ None
  shear-n shear-p
  shear-n shear-p tension-p
  shear-p
  shear-p tension-p
  tension-n shear-p tension-p
  tension-n tension-p
  tension-p

(d) 开挖120m时塑性区云图

Zone
Plane: active on
Colorby: State -Average
■ None
  shear-n shear-p
  shear-n shear-p tension-p
  shear-p
  shear-p tension-p
  tension-n shear-p tension-p
  tension-n tension-p
  tension-p

(e) 开挖160m时塑性区云图

Zone
Plane: active on
Colorby: State -Average
■ None
  shear-n shear-p
  shear-n shear-p tension-p
  shear-p
  shear-p tension-p
  tension-n shear-p tension-p
  tension-n tension-p
  tension-p

(f) 开挖200m时塑性区云图

图 3-19　塑性区分布图

第4章 现场原位监测应用研究

研究中对光纤-电法联合监测技术进行了现场应用，其中主要施工包括中国淮南等东部矿区和中国西部鄂尔多斯地区，两地区分属中国的东、西部，煤层赋存地质条件差异大，岩层岩石物理力学性质差异大，采动围岩破坏特征亦不相同。本章选择具有代表性的淮南某矿和鄂尔多斯某矿为例，综合"光纤-电法"联合监测技术对不同地质条件下煤层开采过程中的围岩变形破坏进行全程监测，可为监测技术系统的推广应用提供指导。

4.1 现场施工工艺

要准确、快速、大范围获得开采空间范围围岩体及其他地质体多场多参量数据及其随时间的变化规律并非易事，有赖于监测系统的先进性，以及先进理论和方法的指导。因此，需要根据研究目的与内容，结合被测试区域工程地质条件，探究最适用的测试工艺。

4.1.1 监测系统设计依据

不同类型的光缆及光纤解调设备具有各自的特点，因此针对不同的研究对象需配备合适的测试系统，整个工作流程大致可以归纳为：确定研究对象、光缆及设备选型、光缆布设、数据采集、处理分析、信息反馈。具体如图4-1所示。

1)系统设计

测试系统设计前，需根据基础理论与矿区地质条件和研究对象的实际情况，合理选择钻孔施工位置、钻孔数量、钻孔倾角及其长度等基本参数。据此，设计相应的立体空间布置示意图等，并附上各监测孔参数表。其中，监测孔位置的选择需满足对重点区段的监测需求，钻孔倾角和钻孔长度及钻孔数量需要根据实际所需或受影响的监测范围等情况而定，也可结合数值模拟软件所获得的数据结果进行确定，钻孔长度一定要大于预期监测范围，以图4-2、图4-3为例。

2)材料准备

在钻孔位置及相关参数确定后，进行钻孔安装材料准备。包括测试线缆定制、钻孔辅助安装设备加工、其他安装辅材准备。当钻孔安装完成后，还需准备钻孔注浆设备、水泥等材料以完成全过程钻孔安装(图4-4)。

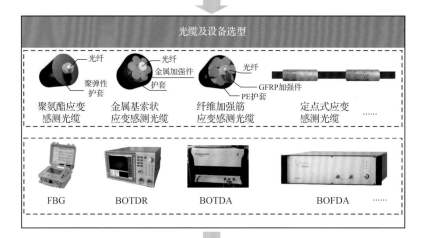

图 4-1 监测系统设计基础及依据

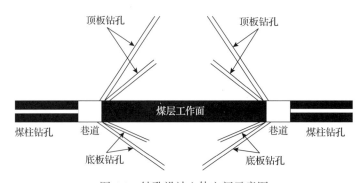

图 4-2 钻孔设计立体空间示意图

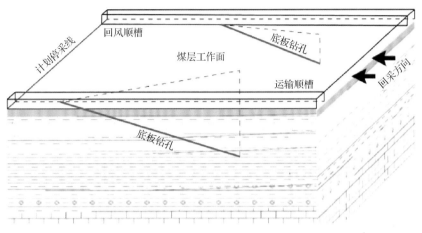

图 4-3 设计钻孔与地质剖面对应关系图

图 4-4 钻孔安装材料及注浆设备

4.1.2 测试装置选型

1. 感测光缆选型

近年来，光纤感测技术的应用领域不断拓展，感测光缆的类型也日益增多，然而在实际应用过程中需充分考虑监测目标条件，并根据光缆特性进行感测光缆选型。针对矿山工程监测特点，目前常用的主要为玻璃纤维增强塑料（GFRP）光缆、金属基索状应变感测光缆和定点光缆。GFRP 光缆采用高强度聚氨酯作为光纤的加强件，既可保证光缆具有较高的应变传递性能，又使其可抵抗测试过程中的拉压与冲击，因此在矿山工程中的变形、内力及损伤监测方面得到广泛应用。金属基索状应变感测光缆采用特种钢丝拧合封装工艺，耐磨性强，可保证其在高压喷浆、浇筑回填作用下的存活率，适用于弹性模量较高材料(基岩、混凝土等)的变形监测。定点光缆是利用光缆两定点间的应变值来计算被测目标体的变形大小，适用于岩土体非连续大变形监测，基于两相邻固定点间光缆敏感度高，因而可精准识别覆岩离层及其内部微裂隙。针对上述不同类型光缆进行了选型汇总，见表4-1。

表 4-1　矿山工程变形感测光缆选型

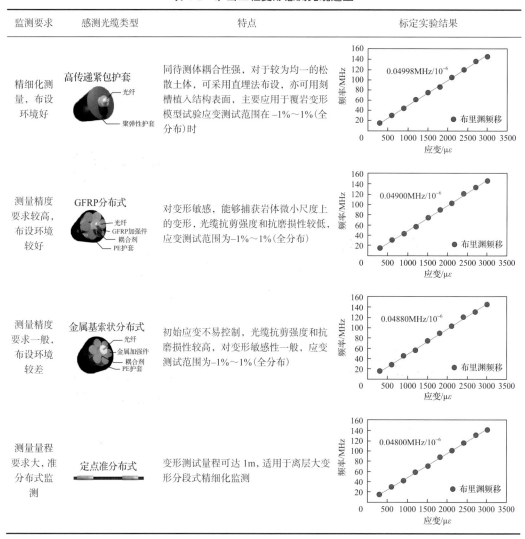

监测要求	感测光缆类型	特点	标定实验结果
精细化测量，布设环境好	高传递紧包护套	同待测体耦合性强，对于较为均一的松散土体，可采用直埋法布设，亦可用刻槽植入结构表面，主要应用于覆岩变形模型试验应变测试范围在–1%～1%(全分布)时	
测量精度要求较高，布设环境较好	GFRP分布式	对变形敏感，能够捕获岩体微小尺度上的变形，光缆抗剪强度和抗磨损性较低，应变测试范围为–1%～1%(全分布)	
测量精度要求一般，布设环境较差	金属基索状分布式	初始应变不易控制，光缆抗剪强度和抗磨损性较高，对变形敏感性一般，应变测试范围为–1%～1%(全分布)	
测量量程要求大，准分布式监测	定点准分布式	变形测试量程可达1m，适用于离层大变形分段式精细化监测	

为了对矿山工程中关键部位的变形、温度、倾角等参数进行精准监测，国内外学者和相关科研、企业单位基于光纤光栅技术测试特性，研发了一系列矿山工程监测用特种传感器，用于矿山领域的工程测试，包括土压力计、渗压计、温度计、位移计、应变计、角度计等。这些传感器的研发从测试方法、技术、形式上为被测参数的获取提供了更多的便捷性，也丰富了相关测试工作内容，有效地促进了矿山工程测试技术的发展。图 4-5 为在矿山工程应用中的 FBG 传感器示意图。

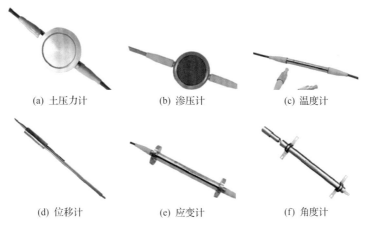

(a) 土压力计   (b) 渗压计   (c) 温度计

(d) 位移计   (e) 应变计   (f) 角度计

图 4-5   矿山工程应用中的 FBG 传感器

2. 仪器设备选型

现阶段，DFOS 技术发展较为成熟，技术种类繁多且各具优势，目前已衍生出多种可应用于实际工程监测的商用化设备。由于矿山工程规模大、隐蔽性强、环境恶劣、实时性监测要求高，往往需通过大范围、长距离的连续性监测，实时获取矿山开采过程中采场围岩变形破坏的动态信息，才可以全面精准掌握采动覆岩变形破坏规律与开采沉陷时效机理。因此，在实际应用过程中，首先需针对不同矿山的地质条件以及监测目标，正确选择相应的监测设备。表 4-2 归纳了目前矿山工程安全开采监测中的光纤感测技术参数及设备技术指标。

表 4-2   主要商用化设备技术指标

技术种类	测量距离	应变范围	测量精度	空间分辨率	测量时间	商用化产品	
						设备	参数
FBG	串联长度	$2\mu\varepsilon\sim10000\mu\varepsilon$	$2\mu\varepsilon/1℃$	2 栅区长度	$1\sim60s$	NZS-FBG-A03	波长范围：$1527\sim1568nm$ 波长分辨率：1pm 重复性：±2pm 解调速率：≥1Hz 动态范围：45dB 工作温度：$-5\sim45℃$
OTDR	256km	—	—	0.5m	3min	FOT-100	脉宽：S/A 为 $5ns\sim10\mu s$， S/B 为 $5ns\sim20\mu s$， MM-A：S/A 为 $5ns\sim1\mu s$ 距离分辨率：1m 损耗分辨率：0.001dB
BOTDR	80km	$-15000\mu\varepsilon\sim+15000\mu\varepsilon$	$30\mu\varepsilon/1℃$	0.5m	5min	AV6419	空间分辨率：1m 采样分辨率：0.05m 扫描频率：$9.9\sim12GHz$ 解调速率：$±100\mu\varepsilon$

续表

技术种类	测量距离	应变范围	测量精度	空间分辨率	测量时间	商用化产品	
						设备	参数
BOTDA	27km	−30000με~+40000με	7με/0.3℃	0.02m	5min	RP 1000	空间分辨率：0.02m 扫描频率：10~13GHz 应变重复性：＜±4με 采样分辨率：0.01m
BOFDA	25km	−15000με~+15000με	2με/0.1℃	0.1m	5min	HTB2505	空间分辨率：0.2m 扫描频率：9.9~12GHz 应变重复性：＜±4με 采样分辨率：0.05m
DAS	200km	—	±2μs	2~10m	—	MS-DAS	采样分辨率：0.1m 扫描频率：0~50kHz 灵敏度：＜0.05nε@5~100Hz 定时精度：≤5μs 工作温度：0~40℃

4.1.3 测试系统安装工艺

钻孔设计相应监测断面位置形成有效的点、线、面三位一体的监测与探测空间。现场施工中，工作面的推进使得采场岩层应力状态发生改变，其结果会造成围岩体产生变形、位移乃至破坏。地层结构及岩体物性属性对测试结果有着重要的影响，通过前期计算和基础实验，进行测线与传感器的布置，以期能够满足在测试区域范围内对煤层开采空间范围的应变场、地电场、位移场等参量进行动态测量，如图 4-6 所示。

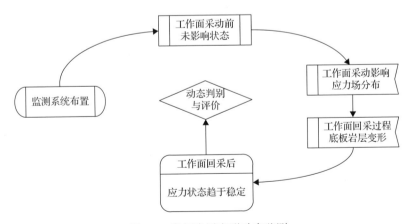

图 4-6　底板岩层变形动态监测

实现采场岩层动态监测，需要施工监测钻孔，钻孔施工及安装工艺对后期数据采集意义重大。通常设计钻孔施工技术参数如下。

1)钻孔位置及角度设计

钻孔位置及角度设计根据工程项目测试目的和测试内容综合确定，如布置在采场底板、顶板或者巷道两侧。但是，无论何种方位的钻孔施工位置多选在巷道的钻场位置。开孔方位角根据测试周期确定，如长周期观测则设计钻孔方位角与工作面回采方向相对；如观测周期相对较短，则钻孔设计可朝向工作面内，其与工作面回采方向同样相对。同一方位角，可以布置不同倾角的钻孔，实现采场空间不同深度范围内岩层变形测试。其布置示意如图 4-7 所示。根据工程项目研究目的与研究内容不同设计监测钻孔方位角与布设形式。

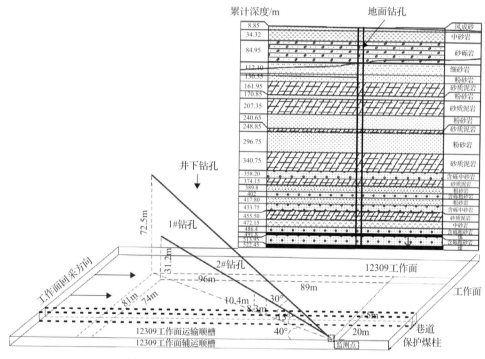

图 4-7　监测钻孔布设方位角及布置形式示意图

2)底板监测钻孔设计孔径及采样

根据井下钻机和施工巷道空间，通常设计监测钻孔的开孔孔径为 108mm 或者 127mm，以便将测试线缆等材料送入钻孔指定深度。

3)钻孔钻进工艺

巷道底板施工钻孔工艺采用常规工艺就能满足，但是如果遇到岩层中存在软岩或者结构相对破碎地层时，常规钻进工艺施工完成的钻孔往往不利于感测装置的植入。此时，会采用注浆扫孔，其具体操作为：先利用水泥浆将施工钻孔进行注浆封堵，待水泥浆液凝固后，在原孔位以原方位角重新开孔，钻进至指定位置。

钻孔在成孔过程中需要严格控制孔斜，确保钻孔施工能够按照设计方位进行钻进，不发生偏斜超出质量控制的情况，以保证钻孔后期获得更好的数据。

钻孔施工过程中，需要进行取心，如果设计钻孔数量超过两个，则相近钻孔取深孔位置的地层岩心，并进行岩心编录形成钻孔岩心柱状图。

按矿井防治水要求，需要在孔口一定深度安装套管时，则钻孔按照设计技术参数进行钻进，当钻进深度达到套管长度时，安装孔口套管，加锁口盘后进行注浆封闭。待浆液凝固后重新开启锁口盘，钻进至指定深度。

4）监测钻孔孔口固定及闸阀结构

根据测试任务，底板监测往往会布置多套地球物理场测试装置，因此孔口固定至关重要，既要满足线缆固定，同时还需要满足注浆技术要求。孔口固定器设置如图 4-8 所示，包含锁口器、线缆孔、PVC 孔、注浆孔等。

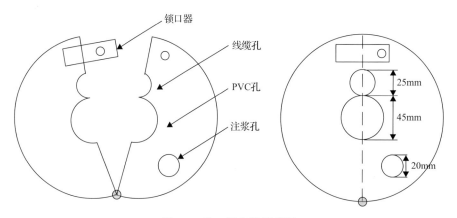

图 4-8　孔口固定器示意图

5）光纤、电缆传感器布置

布置光纤、电极时，光纤和电法测试线缆固定于 PVC 导管外侧，为了保证测线顺直，安装过程中需要不断纠偏，利用扎带或其他辅助装置进行固定。其布置示意图如图 4-9 所示。PVC 导管植入前还需要在前端加工导气孔，用以返浆、导气。其中导气孔布置宜采用梅花形状，数量通常设计为 8～10 个。光纤和电法测线设计则根据测试内容和要求进行定制、加工，以满足后期监测要求。

6）监测钻孔注浆封孔

当光纤及电缆传感器等植入至指定孔深后，及时对钻孔进行注浆封孔，注浆前需要对孔口进行封闭，其中 PVC 管还需要加装球阀。注浆技术参数如下。

(1) 水泥量根据钻孔孔径进行预算，必须满足全孔封闭要求。

(2) 注浆：前期无压进行连续不间断注浆，以防止水泥凝固，中后期带压注浆，不能重复，即一次性注满封闭全孔。

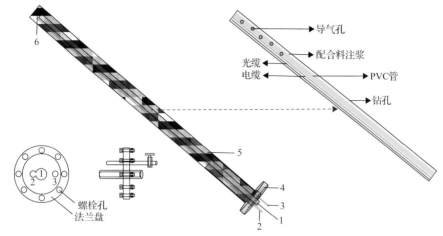

图 4-9　监测钻孔安装示意图

1-排气孔，$\phi=50\text{mm}$；2-线缆孔，$\phi=20\text{mm}$；3-注浆孔，$\phi=20\text{mm}$；

4-法兰盘(根据实际套管尺寸确定)；5-套管；6-水泥浆

(3)注浆时注意保护孔口装置，以免损坏管线。若孔内有水充满，则可通过排气管由孔底向上注浆，同时调整水泥浆浓度。

(4)注浆至孔口 PVC 管返浆时，适当拧紧球阀，带压注浆，PVC 管内部注浆满时，停止注浆。

7)后期保护

根据监测要求，钻孔及孔口延长线缆需做好保护工作，在监测钻孔安装完成后，悬挂标识牌，同时对线缆进行收纳整理，做好后期保护工作。

综上所述，监测钻孔安装工艺流程示意图如图 4-10 所示。

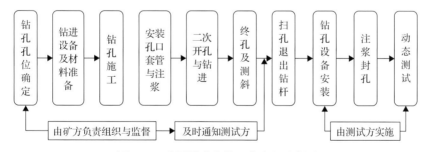

图 4-10　监测钻孔安装工艺流程示意图

4.2　井下顶板多孔断面监测研究

采场覆岩变形破坏的发育规律是提高水体下采煤回采上限的关键因素。以淮南某矿为例，提出了井下钻孔多物理场(应变场、地电场)动态监测的综合评价方法。通过数值模拟的力学分析并结合地质资料，优化了钻孔参数及传感器选型的设计方案。通过埋设在顶板岩层中的传感光缆和电阻率单元，监测不同回采时期岩层的结构性变形，利用多物理场综合分析覆岩变形特征及演化规律。

4.2.1　研究区地质条件

淮南某矿 1312(1)工作面采用综合机械化采煤方式，全部垮落法管理顶板。其走向长为 1838m，宽为 260m，平均采厚为 2.8m，煤层平均倾角为 5°，属于近水平煤层。工作面煤层底板标高-772～-550m，平均埋深为 660m，其上覆新生界松散层厚度为 525～544m，平均约为 534.5m。11-2 煤顶板为复合顶板，其顶底板岩性分布如图 4-11 所示。

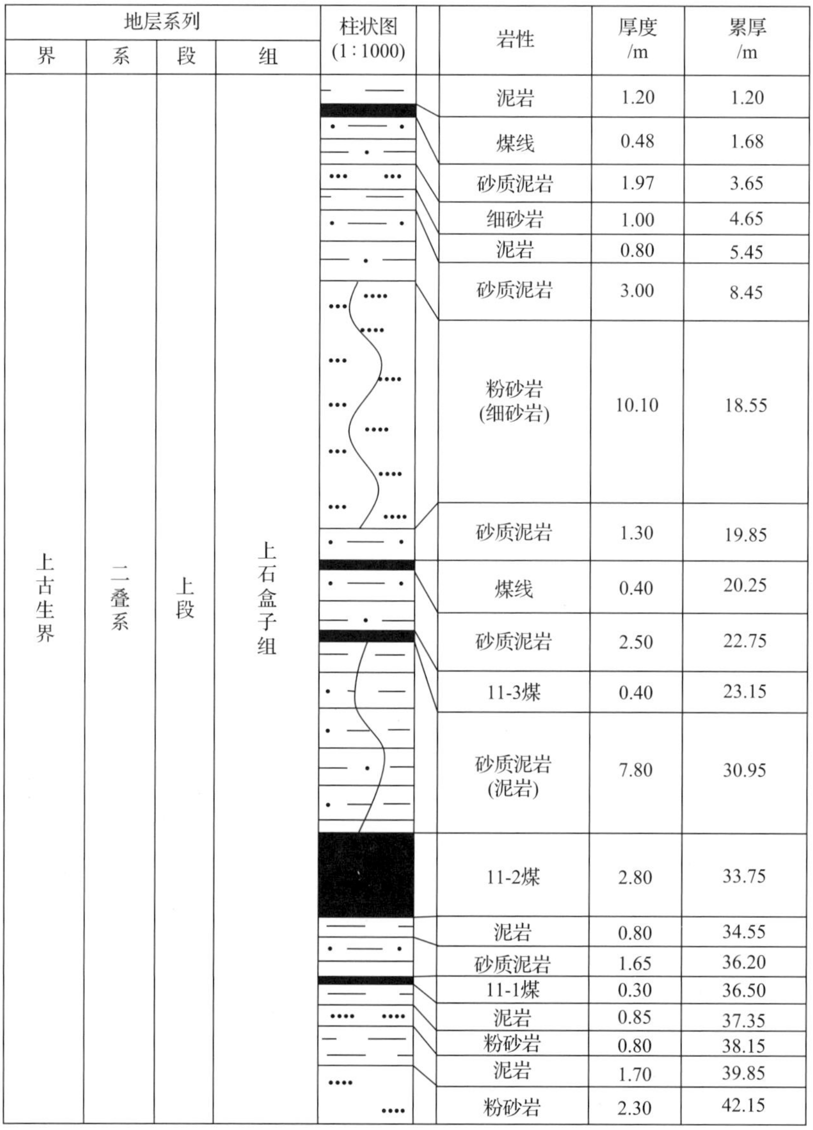

地层系列				柱状图 (1:1000)	岩性	厚度 /m	累厚 /m
界	系	段	组				
上古生界	二叠系	上段	上石盒子组		泥岩	1.20	1.20
					煤线	0.48	1.68
					砂质泥岩	1.97	3.65
					细砂岩	1.00	4.65
					泥岩	0.80	5.45
					砂质泥岩	3.00	8.45
					粉砂岩 (细砂岩)	10.10	18.55
					砂质泥岩	1.30	19.85
					煤线	0.40	20.25
					砂质泥岩	2.50	22.75
					11-3煤	0.40	23.15
					砂质泥岩 (泥岩)	7.80	30.95
					11-2煤	2.80	33.75
					泥岩	0.80	34.55
					砂质泥岩	1.65	36.20
					11-1煤	0.30	36.50
					泥岩	0.85	37.35
					粉砂岩	0.80	38.15
					泥岩	1.70	39.85
					粉砂岩	2.30	42.15

图 4-11　1312(1)工作面 11-2 煤顶底板综合柱状图

4.2.2 监测系统布置与安装

在 1312(1)工作面运输巷道距离切眼 530m 处设计一个测试断面，布设顶板岩层变形破坏监测系统，如图 4-12 所示。测试系统包含两个钻孔，钻孔技术参数选取如表 4-3 所示，并于孔内安装分布式传感光缆和电阻率传感单元，其中分布式传感光缆兼具传感和传输信号的功能，电阻率传感单元则是传统的点式传感。

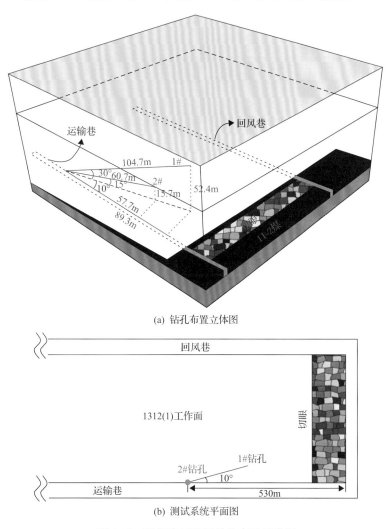

(a) 钻孔布置立体图

(b) 测试系统平面图

图 4-12 顶板岩层监测钻孔布置示意图

表 4-3 钻孔技术参数

钻孔号	实际参数				
	方位/(°)	仰角/(°)	孔深/m	垂高/m	平距/m
1#钻孔	274	30	104.7	52.4	89.3
2#钻孔	274	15	60.7	15.7	57.7

图 4-13 为井下传感器布设剖面示意图。1#钻孔和 2#钻孔中均布设有分布式应变传感光缆,光缆长度分别为 104.7m 和 60.7m;同时 1#钻孔中布设有 48 个电阻率传感单元,1#电极位于孔顶位置,每个电极间距为 2m,则控制距离为 94m,2#钻孔中布设有 16 个电阻率传感单元,49#电极位于孔顶位置,每个电极间距为 3.5m,则控制距离为 52.5m。

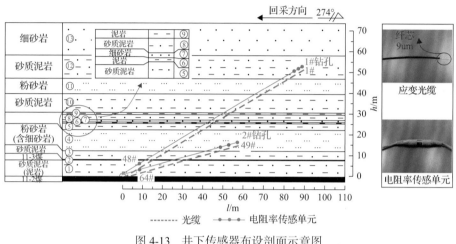

图 4-13　井下传感器布设剖面示意图

l-距离;*h*-深度

4.2.3　数据采集与分析

1. 数据采集

井下监测系统安装完成后进行采集参数的调试,确定 BOTDR 采集参数为:起始频率 10.75GHz、终止频率 11.2GHz、扫描间隔 5MHz、采样间隔 0.1m。电阻率法采集参数为:供电电压 48V、供电时间 0.5s、供电间隔 50ms。待钻孔内浆液完全凝固后,采集第一组应变场和地电场数据作为背景场,时间为 2019 年 3 月 13 日,工作面距离孔口水平距离为 156.6m。后续根据工作面回采进度进行定期监测,并于 2019 年 4 月 14 日结束监测,此时工作面距离孔口 7.5m。两个钻孔由于布设空间位置的差异性,可捕捉煤层回采中应变场和地电场三维数据体,从而为揭示覆岩变形破坏机理,判断"两带"(即垮落带和导水裂隙带)发育高度值提供有效的数据支撑。

2. 数据分析

1)应变场数据分析

在监测周期中,通过测试结果可以发现,1#、2#钻孔传感光缆主要呈现拉应变(定义应变正值为拉应变,负值为压应变),但在不同钻孔深度应变特征具有明显的差异性。现场实测所得覆岩应力特征与数值模拟结果不同,分析原因是数值模拟所得的垂直方向覆岩变形特征主要为拉应力;而现场实测中最大钻孔角度为 30°,其主要反映顶板覆岩近水平方向的变形特征，主要为压应力。

由图 4-14 可见：1#钻孔拉应变最大值约为 4130με，压应变最大值约为–265με；2#钻孔拉应变最大值约为 4667με，压应变最大值约为–469με。由此可见顶板岩层受到采动影响后由于自身物理性质和地层结构的不同，其形变和位移也具有差异性。同时由于 1#和 2#钻孔空间位置的差异性，同一水平岩层的应变属性也具有差异性。

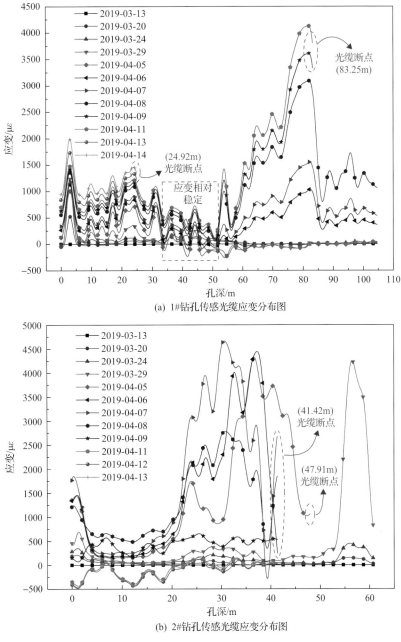

(a) 1#钻孔传感光缆应变分布图

(b) 2#钻孔传感光缆应变分布图

图 4-14　传感光缆应变分布图

当工作面逐渐靠近监测钻孔时，超前支承压力逐渐向前推进，各岩层应力状态沿着水平方向向前传递，发生层内或层间的横向裂隙，形成离层。当应力状态大于岩层自身应力极限时将发生竖向的裂隙，形成垮落带和导水裂隙带，同时岩体破裂时产生的剪切力将使得光缆发生错断，在相应位置产生断点，如图 4-14(a)中的 83.25m 和 24.92m 以及图 4-14(b)中的 47.91m 和 41.42m 均是光缆断点位置。

为了更好地进行顶板各岩层应变值的时空对比与特征分析，我们将钻孔应变与覆岩剖面进行结合，形成钻孔应变分布与地层的时空对应关系图，如图 4-15 所示。由图 4-15 可见：

(1)相邻岩层中，弹性模量较小的岩层应变值整体比弹性模量较大的岩层应变值大。如图 4-15 中①、③砂质泥岩的应变值大于④粉砂岩(含细砂岩)的应变值；⑩砂质泥岩的应变值大于⑪粉砂岩的应变值。说明在采动应力及原始地应力作用下，岩层的应变值与自身的弹性模量成反比。

(2)1#钻孔内光缆断点分别位于⑩砂质泥岩与⑪粉砂岩分界面上方(孔深83.25m)，以及③砂质泥岩与④粉砂岩(含细砂岩)分界面的上方(孔深 24.92m)；2#钻孔内断点分别位于③砂质泥岩与④粉砂岩(含细砂岩)分界面(孔深 47.91m)，以及③砂质泥岩内部(孔深 41.42m)。四个断点主要集中在砂质泥岩与粉砂岩(含细砂岩)分界面附近，由此可得软弱岩层与硬质岩层分界面附近易发生岩层错断，使得光缆承受剪切力，从而形成断点。分析原因是采动超前应力使得工作面前方岩体首先发生层内或层间的横向裂隙，当工作面回采完成形成采空区时，上覆岩体失去下部煤层的支撑，

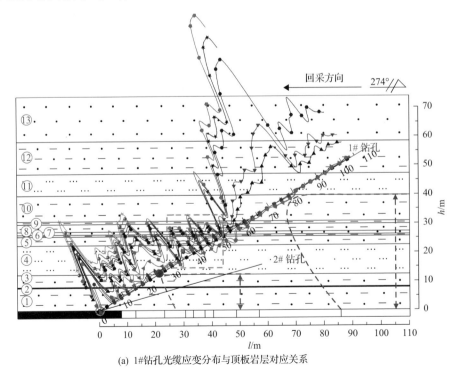

(a) 1#钻孔光缆应变分布与顶板岩层对应关系

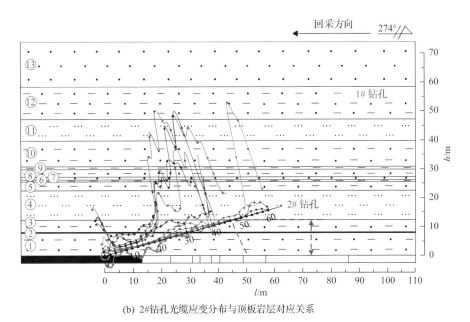

(b) 2#钻孔光缆应变分布与顶板岩层对应关系

图 4-15 钻孔应变与地层的时空对应关系

垂直应力瞬时增大使得各层岩体产生竖向裂隙。此时弹性模量较小的岩体相对于弹性模量较大的岩体将率先产生竖向裂隙，岩体发生破坏，从而使光缆形成断点。

(3) 从传感光缆的应变分布及时空变化特征可以看出，采动过程中顶板岩层逐步发生变形、破坏等现象，造成光缆在相应位置发生拉压变化、弯折，甚至断裂。根据光缆的应变分布特征、断点所处层位，同时结合 11-2 煤覆岩的岩性组合，可以推断导水裂隙带和垮落带的发育高度。1#钻孔内传感光缆的第一个断点出现在孔深 83.25m 位置，位于⑩砂质泥岩与⑪粉砂岩分界面的上方，靠近⑩砂质泥岩的顶部。1#钻孔 80～100m 光缆位于⑪粉砂岩内，其应变特征表现为有规律地递增，表明其内部以横向裂隙为主，未发生竖向的破坏，符合弯曲下沉带下部的岩性特征。因此，可以推断⑩砂质泥岩与⑪粉砂岩分界面附近为导水裂隙带发育界面，高度约为 40m。1#钻孔内传感光缆的第二个断点出现在孔深 24.92m 处，位于③砂质泥岩与④粉砂岩(含细砂岩)分界面，靠近③砂质泥岩顶部；2#钻孔内传感光缆的第一个断点出现在孔深 47.91m 处，位于③砂质泥岩与④粉砂岩(含细砂岩)分界面。同时 1#钻孔 30～50m 范围内④粉砂岩(含细砂岩)的应变值相对其他岩层较小，分析其为关键层。2#钻孔孔深 41.42m 位置光缆出现第二次断点，说明③砂质泥岩以下的岩层发生了二次断裂。2019 年 4 月 12 日 2#钻孔内传感光缆整体呈现压应变，而且 4 月 13 日的光缆应变值与 4 月 12 日几乎一致，说明垮落的岩体受力相对稳定。但是随着采空区的进一步加大，工作面前方岩体持续垮落，由于工作面周期来压的缘故，2019 年 4 月 14 日光缆全部断裂，未采集到有效信号。因此可以判断垮落带发育高度为 12.4m，位于③砂质泥岩与④粉砂岩(含细砂岩)分界面。同时通过 2#钻孔内传感光缆的应变特征，判断垮落带岩层的冒落形式以大块破断为主，发生较为整体性的垮落。

2) 地电场数据分析

通常不同岩性电阻率值具有一定的差异，对于煤层顶底板来说，从电性特征上分析煤层电阻率相对较高，砂岩次之，黏土类岩层最低。岩体的变形破坏必将导致电阻率发生改变，在岩体裂隙未导通含水层的情况下，两者具有正相关关系。煤层回采过程中，岩层电性在横向和纵向上发生变化，代表了其破坏和裂隙发育特征。因此，可以通过测试覆岩电阻率进一步反演获得其变形与破坏规律。

图 4-16 为 2019 年 3 月 13 日测试电阻率反演地质剖面，此时工作面距离监测钻孔口 156.6m，电阻率总体较低，其中砂泥岩段电阻率总体在 50Ω·m 左右，砂岩层段电阻率在 80～100Ω·m 范围内。可见，采动初期覆岩电阻率特征较为明显，基本在正常范围内且分层清晰。一般将其作为初始电阻率值，为后期采动影响时岩层变形破坏地电场分析提供基础。

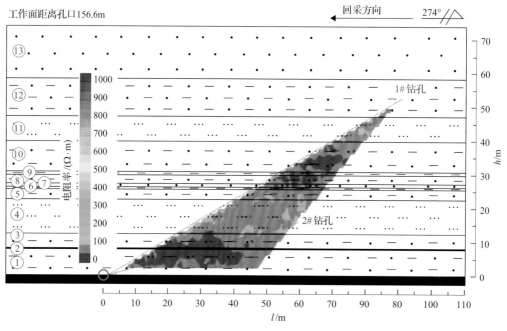

图 4-16 初始电阻率反演剖面图 (2019 年 3 月 13 日)

煤层回采过程中，由于采动影响工作面应力具有一定的超前距离。当岩层应力状态发生改变后，其内部结构发生一定程度的变形，从而导致其电性特征改变，使得电阻率值明显增加。图 4-17(a)～(d) 分别为工作面距离监测钻孔孔口 108.8m、86.2m、49.4m、31.6m 时的电阻率监测剖面。由图 4-17 可见，覆岩受采动影响，其电阻率值相对初始电阻率有了明显升高。图 4-10(a) 中，1#钻孔孔顶区域 (⑪粉砂岩) 内电阻率值升高至 300Ω·m 左右，其余部分升高幅度较小；图 4-17(b)～(d) 中，岩层变形与破

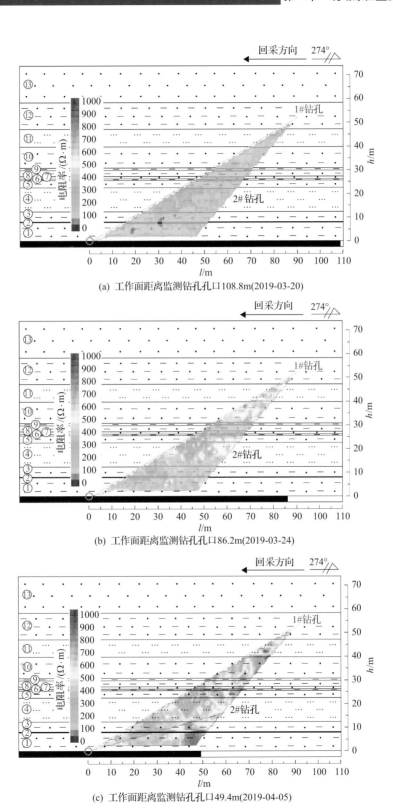

(a) 工作面距离监测钻孔孔口108.8m(2019-03-20)

(b) 工作面距离监测钻孔孔口86.2m(2019-03-24)

(c) 工作面距离监测钻孔孔口49.4m(2019-04-05)

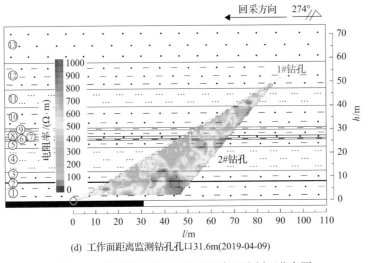

(d) 工作面距离监测钻孔孔口31.6m(2019-04-09)

图 4-17　岩层超前应力显现电阻率反演剖面分布图

坏特征通过电阻率值增加的特征反映得更为清晰。如图 4-17(d)所示，此时钻孔控制区域大部分都位于采空区上方，进入了主要观测时间段，对覆岩变形破坏过程的判断更为清楚。其电阻率与初始电阻率相比，发生了巨大的变化。其中③、⑤、⑧、⑩砂质泥岩层位电阻率值达到 800Ω·m 左右，是初始电阻率值的 16 倍左右；④粉砂岩(含细砂岩)层位电阻率值达到 500Ω·m 左右，是初始电阻率值的 6 倍左右。

覆岩垮落岩层电性变化主要集中在垂高 12m 左右的③砂质泥岩与④粉砂岩(含细砂岩)分界面以下位置，而导水裂隙特征的发育主要集中在垂高 40m 左右的⑩砂质泥岩与⑪粉砂岩分界面以下位置，且在垂高 40m 以上岩层电阻率值变化相对上述层位较小，这正是进行"两带"高度判断的基础。

根据覆岩"两带"电阻率值典型特征(图 4-18)，结合矿井区域基本地质条件，分析认为：11-2 煤开采破坏后垮落带高度为 12.4m，位于③砂质泥岩与④粉砂岩(含细砂岩)分界面。该区域岩层电阻率值整体较高，最高约 900Ω·m，且上下岩层沟通特征明显，即超过初始电阻率值的 16 倍，为典型的岩层垮落破坏特征；导水裂隙带高度为 40～42.35m，位于⑩砂质泥岩与⑪粉砂岩分界面上方。该区域岩层电阻率值变化不均匀，局部达到 800Ω·m 左右，局部岩层电阻率值在 500Ω·m 以下，主要分布在粉砂岩内，岩层结构的整体性较好。导水裂隙带内总体电阻率值超过初始电阻率值 6～12 倍。顶板岩层 45m 以上层位电阻率值未见普遍上升或下降，局部受采动影响电阻率值初期升高，后期稳定后又逐渐降低，总体稳定在 200Ω·m。例如，垂高 47m 处[图 4-17(b)、(c)、(d)与图 4-18(b)]表现出电阻率值沿水平方向升高，但未与下部导通，其为弯曲下沉带特征。

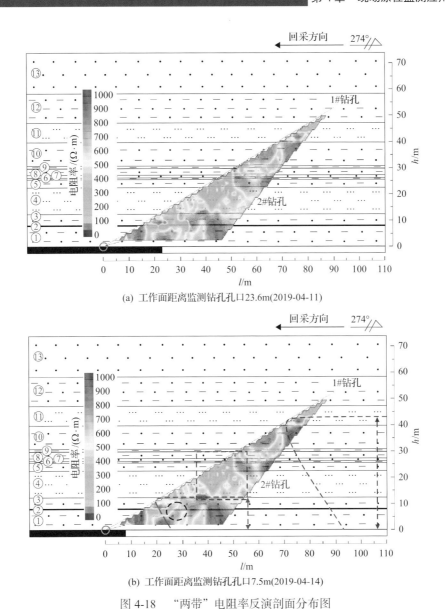

(a) 工作面距离监测钻孔孔口23.6m(2019-04-11)

(b) 工作面距离监测钻孔孔口7.5m(2019-04-14)

图 4-18　"两带"电阻率反演剖面分布图

3)"两带"高度确定

通过分析采动过程中不同层位应变与电阻率相关关系，可得两个参数之间整体具有较好的一致性，因此可由应变和电阻率综合分析判断覆岩变形破坏特征。

根据 1#和 2#钻孔传感光缆应变分布变化及电阻率值典型特征，结合 1312(1)工作面区域地质条件，分析认为：11-2 煤开采后垮落带高度为 12.4m，位于③砂质泥岩与④粉砂岩(含细砂岩)分界面，该部分岩层竖向裂隙贯通性较好，应变值整体较大，电阻率值整体增大，局部高达 850Ω·m，超过初始电阻率值的 16 倍；导水裂隙带发育高度为 40~42.35m，位于⑩砂质泥岩与⑪粉砂岩分界面附近，该部分岩层应变值变化不均匀，弹性模量较大的层位应变值变化较小，弹性模型较小的层位应变值变化较大，同理电阻率值变化也不均匀，横向连通性较好，竖向裂隙发育较不明显，电阻率值是初始电阻率值的 6～12 倍。其中，⑪粉砂岩以上层位，由于光缆受剪应力较大发生错断，后期未采集到有效应变数据，但通过电阻率值变化可见，采集初期该部分岩层受超前支承压力，电阻率值明显增大，但随着煤层的回采，该区域岩层电阻率值有明显下降的趋势，且未与下部岩层导通，为典型的弯曲下沉带下部岩层特征。

1312(1)工作面 11-2 煤回采平均厚度为 2.8m，则垮落带/采厚为煤回采平均厚度的 4.43 倍，导水裂隙带/采厚为煤回采平均厚度的 14.29～15.13。前面的数值模拟结果显示导水裂隙带高度为 41.9m，导水裂隙带/采厚为 14.96。可见，不同方法所得"两带"高度值较为接近，相互验证了所选测试方法的有效性和科学性。

4.2.4 顶板多孔监测结果

本节以提高巨厚松散层含水层下回采上限为出发点，对煤层回采过程中采场覆岩变形破坏机理进行了研究，主要得到以下结论。

(1)提出了采用钻孔内多物理场(应变场和地电场)方法对煤层顶板岩层进行动态测试。首先通过初期的数值模拟对井下钻孔参数、传感器参数等进行优化，从而大大提高后期现场实测的数据解释精度。通过应力分析可见，煤层覆岩沿垂直方向(45°～90°)以压应力为主，沿水平方向(0°～45°)以拉应力为主。

(2)综合分析应变场和地电场特征，并结合地质资料，判断 11-2 煤垮落带高度为 12.4m，位于③砂质泥岩与④粉砂岩(含细砂岩)分界面，导水裂隙带发育高度为 40～42.35m，位于⑩砂质泥岩与⑪粉砂岩分界面附近。煤层平均回采厚度为 2.8m，则垮落带/采厚为 4.43，导水裂隙带/采厚为 14.29～15.13。"两带"发育最大高度距离强含水层底界面较远(约>55m)，11-2 煤可安全回采。

(3)基于综合物理场特征研究，进一步揭示了覆岩变形破坏规律。由于采动超前支承压力的作用，裂隙首先沿着层内水平方向延展，随着煤层的开采，在周期来压时，横向裂隙发育进一步加大，同时层内竖向裂隙发育。岩层变形破坏逐步形成垮落带、导水裂隙带，上部为弯曲下沉带。根据光缆破断特征，判断 11-2 煤垮落带内岩层以大块破断、整体垮落为主。

本节研究结果对地质条件相似的矿井具有一定的指导性，所提出的钻孔内多物理场综合测试方法对于覆岩变形破坏全程特征掌握是可行的，其作为一种新的测试手段已在多个矿井中成功应用。

4.3　地面垂直钻孔监测研究

为了获取煤层采动期间顶板上方至地表岩层移动信息，提出采用地面垂直钻孔多场监测方法动态监测采煤全周期岩层移动规律。

4.3.1　研究区地质条件

鄂尔多斯准格尔矿区某矿 61201 工作面主要充水水源为煤层顶板砂岩裂隙水、断层水及底板奥陶纪灰岩水。根据地质报告资料，煤层顶板砂岩层赋水性弱，但井筒和井底车场施工的注浆孔单孔最大水量较大，说明局部地段煤层顶板砂岩赋水性较强。由于工作面在回采过程中受到含水层的潜在影响，需对 61201 工作面采后覆岩破坏特征进行探测，获得工作面采动过程中顶板岩层变形与破坏特征。

61201 工作面位于一盘区西翼，东自 6 煤回风大巷，西至井田边界，北为 61207 工作面（未掘），南为 61202 工作面（未掘）。根据工作面巷道实际揭露及探测资料，工作面煤层厚度为 10.4（运输顺槽 F201-Y8 断层）～25.0m（运输顺槽 16#钻场附近），平均厚度为 19.7m。煤层结构复杂，含夹矸 4～7 层，为稳定煤层。该工作面回采范围位于 DF2（DF008）断层下盘，煤层产状为 60°～120°，倾角为 0°～9°，平均值为 2°。根据工作面巷道实际揭露及探测资料，面内共发育断层 25 条（回采范围内 10 条），其中回风顺槽断层 10 条，切眼 3 条，运输顺槽 8 条，辅助回撤通道 3 条，工作面内探明断层 1 条。工作面回采范围内揭露及探明的 10 条断层分别为 F201-H8、F201-H9、F201-H10、F201-H11、F201-q1、F201-q2、F201-q3、F201-Y8、F201-Y9 及 DF047 断层。其中 F201-Y8、F201-Y9、DF047 断层落差 3～3.7m，对工作面回采有一定影响，断层附近局部煤岩层破碎且有滴淋水现象，其余断层落差均小于 1m，对回采影响较小。中煤科工西安研究院（集团）有限公司于 2016 年采用槽波地震对工作面煤层进行了探测，工作面内解释两条落差>5m 的断层，分别为 F201-H2-DF2 和 F201-H2-Y2，其中 F201-H2-DF2 断层落差 11～13m，与巷道实际揭露的 DF2 断层基本一致，该断层有两个落差较小的分支。F201-H2-Y2 断层落差 4～7m，不在回采范围内。未发现直径>20m 的陷落柱，发现两处槽波能量异常，均靠近回风顺槽巷道侧帮，靠近切眼的异常距切眼约 460m，位于 14#钻场附件，靠近回撤通道的异常距回撤通道约 430m，位于 7#钻场附近，两个异常影响范围均有限。61201 工作面顶底板岩性见表 4-4。

表 4-4　61201 工作面顶底板岩性　　　　　　　　　　　　（单位：m）

顶底板情况	岩石名称	厚度	岩性描述
老顶	砂质泥岩或细砂岩	4.75～18.03 / 8.76	灰色，砂泥质结构，断口呈参差状，见植物化石。灰白色，细粒结构，以石英为主，含岩屑及炭屑，分选磨圆中，较坚硬
直接顶	砂质泥岩	2.40～3.20 / 2.8	灰色，砂泥质结构，断口呈参差状，见植物化石
直接底	砂质泥岩	3.99～7.12 / 5.49	灰色，砂泥质或泥质结构，断口呈参差状，见植物化石
老底	砂质泥岩或细砂岩	10.28～12.57 / 11.68	灰色，砂泥质结构，断口呈参差状，见植物化石。灰白色，细粒结构，以石英为主，含岩屑及炭屑，分选磨圆中，较坚硬

4.3.2 监测系统布置与安装

61201 工作面覆岩变形与破坏特征观测实施地面钻孔观测方式,进一步获得采前 200m、采中和采后 200m 范围内的岩层变形规律及其特征。

在地面施工覆岩变形与破坏监测孔 1 个,位于 61201 工作面辅助运输顺槽 8#钻场至 9#钻场之间,距离 8#钻场平距为 51m,距离辅助运输顺槽 60m 左右。终孔层位距 6 煤顶板上方不少于 12m;钻孔孔径为 $\phi130mm$。孔深依据地面标高确定。具体位置如图 4-19 所示。根据地表条件可适当平移钻孔施工点,确保施工安全及质量。

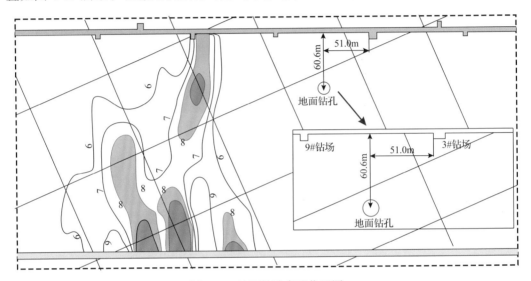

图 4-19 地面钻孔布置位置图

在钻孔中埋设一套电法和光纤传感器综合测试系统,包括:①金属基索状应变感测光缆(ϕ=5mm);②温度感测光缆;③电法线缆($\phi10mm$)。

测试系统埋设过程如图 4-20 所示。

(1)将多股电缆形成一整根线缆组,外用宽胶带缠绕,形成初步保护。

(2)钻孔形成后进行清洗,保证线缆下入顺畅。

(3)对线缆组配重后下入钻孔,结合钻孔孔深控制线缆长度。

结合钻孔揭露的地层岩性条件,对全孔用不同配比水泥浆进行封闭,并在地面设置固定测试电缆装置,便于进行数据采集。其中水泥浆封孔时考虑减少钻具对光缆的扰动影响,具体要求如下:

(1)将封孔钻杆下至孔底,下钻过程中保持轻放轻提,避免钻具下入过程中对线缆的破坏。

(2)地面按封孔要求分批配备封孔材料,以保证封孔时序要求,水泥材料满足技术要求。

(3)边轻提钻具边注浆,使得泥浆完全置换,做到全孔封闭,保证封孔质量。

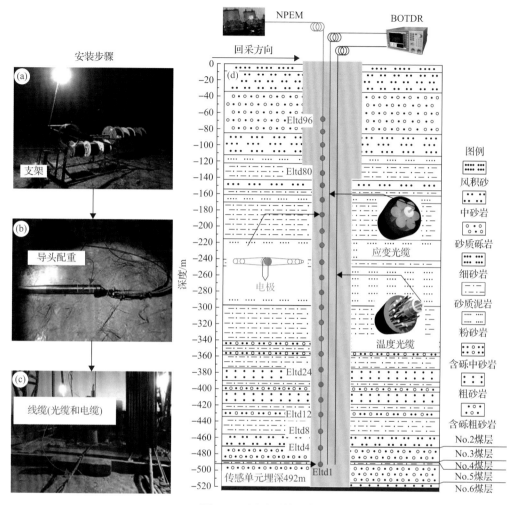

图 4-20 测试系统安装

（4）封孔完全后保护好孔口电缆，为保证长期观测效果，考虑采用挖沟埋置线缆的方式，需考虑地表变形后的数据采集。设置水泥台固定孔口测试装置。

（5）做好地表测量标示点，保证岩层移动观测数据对比。

4.3.3 数据采集与分析

61201 地面钻孔控制范围为该工作面回采退尺采动影响的超前影响距离和破坏高度重点观测区域，该区段范围内开采扰动引起岩体产生不同时空关联内的变化特征最为明显。数据采集时间自 2017 年 7 月 13 日开始，截至 12 月 31 日，78 天共采集钻孔数据 78 组。数据初次采集回采工作面退尺位置距离监测钻孔孔口 292.7m，采用首次采集数据作为数据初值。随工作面不断推进，监测频度逐步增大，获得至工作面推进过监测钻孔孔口位置 141.6m 的动态数据。特别是后期监测预测设计在工作面回采至距离靠近监测断面监测灵敏阶段时，加强数据采集，对顶板覆岩变形、应变分布、电阻率变化情况进行实时监测。因此，全程实时监测有效获得了工作面采动影响前顶板覆岩背景数据，煤层回采顶板覆岩变形开始至变形形成、工作面推过进入采空区后顶板覆岩趋于稳定状态的应变场、电场的变化特征规律。

通过对回采过程中钻孔数据的采集，钻孔控制深度范围显现出超前应力影响范围，其特征变化表现应变参数和地电场信息的相对变化。为了方便分析，应变场观测过程中规定拉应变为正，压应变为负；地电场观测过程中通过电流和视电阻率的相对变化进行判别。针对本次顶板覆岩监测任务，运用光纤应变测试法和并行电法两种技术手段，通过综合比对方式进行覆岩破坏高度的预测与评价。最终，获得顶板岩层变形、破坏过程中的岩体应力、位移等变化特征参数，实现对煤层采动过程中顶板岩层变形破坏特征的时间和空间变化规律判断。

1) 应变场测试分析

根据测试需求，制定了数据采集计划，其中分布式光纤数据共计采集自 2017 年 9 月 22 日至 12 月 26 日 95 天工作面回采前、中、后试周期内的多组数据。

当煤层采过形成采空区后，上覆岩体受到自重作用形成垮落带、导水裂隙带及弯曲变形带的同时还会导致上覆地层随之下沉。岩层发生形变和位移致使光缆和电缆受到拉伸或压缩。当其形变位移量较大超过光缆测试量程时会形成断点，根据对监测断面位置钻孔不同深度的光纤应变测试结果分析，获得监测周期内的观测结果，对覆岩破坏高度进行判断和分析，如图 4-21 所示。

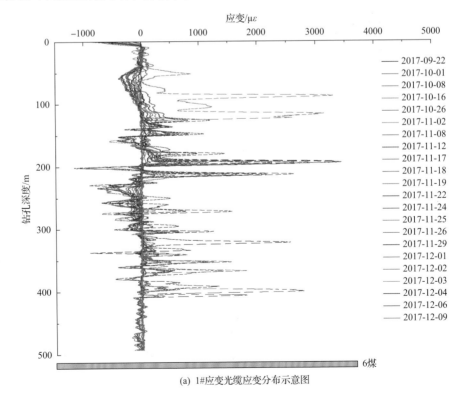

(a) 1#应变光缆应变分布示意图

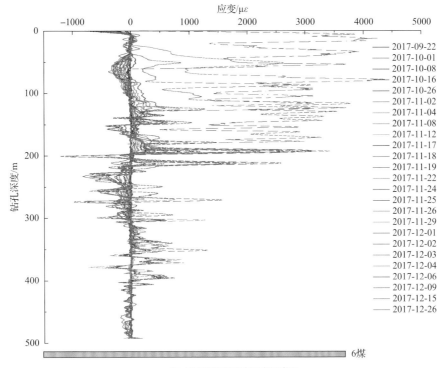

(b) 2#应变光缆应变分布示意图

图 4-21 监测周期内钻孔应变分布示意图

在监测周期中，通过测试结果可以发现，钻孔测试传感光缆主要呈现拉应变，在拉应变和压应变显现中，不同钻孔深度表现出不同的应变特征。即顶板覆岩岩层由于自身物理性质和地层结构特性等差异，其受到采动影响后，工作面上部覆岩受力状态改变所产生的形变、位移也具有差异性。传感光缆对于顶板岩体破坏形式在测线上表现出以下特征。

(1)应变陡增。煤层开采后上覆岩层失去煤层支撑作用力成为悬空体，当其悬空面积随工作面推进不断增大，所受自重和上覆岩层压力前期引发岩体表现出弹性→塑性→大变形的过程。如果应变陡增具有连续性且当其增大到一定程度后保持相对稳定时，通常认为是产生离层或裂隙发育稳定。当其应变陡增不具有连续性且应变变化数值差较大时，通常认为覆岩发生垮落或者较大裂隙。

(2)传感光缆的断裂。传感光缆通常都有测试极限，采动引起的顶板形变量一般较大，当其形变程度远超过光缆抗拉强度或抗剪强度时，光缆就会被拉断或错断。拉断常常发生在弹性模量较小的岩体中或者岩性分界面，错断常常发生在岩体弹性模量较大的岩体或者相邻岩层分界面。当其出现断裂时，可作为顶板垮落或者发生较大离层与裂隙的判别依据。

由于上覆岩体赋存环境的差异性，岩体破裂演化的模式不同，其形变后运移形式也不同：顶板下沉速度可能存在急剧加快或者一段时间的相对稳定；顶板岩层下沉量过大或者下沉过程中新生裂隙与离层不稳定发育。

　　钻孔内不同测试光缆的测试数据相互补充，顶板覆岩岩体在工作面的采动过程中，钻孔控制范围内均表现出相应的应变特征，其在数值特征上的变化为相对于采集初值应变差的增大与减小。通过数据可以直观看出，传感光缆对应变场、位移场的响应特征具有较好的灵敏性，能够有效捕捉岩体变形和破坏的动态过程。数据采集过程中四条测试光缆形成较好的协同作用，获得完整的超前应力与顶板破坏范围动态数据。二者在空间位置上的分布形成良好的数据对比，在相互验证测试数据有效性的同时，呈现出空间范围内岩体破裂演化的规律。

　　工作面回采过程中顶板岩体的垮落呈现动态演化过程。通过对钻孔监测周期内的数据进行求解，可以获得钻孔控制高度范围内岩层形变、移动到破坏连续变化的破坏结果，如图 4-22 所示。其分别为钻孔控制垂高范围内岩层在工作面回采过程中的变化特征。

　　综合对比分析以上四条光缆监测得到的应变时空变化分布云图，发现各云图均呈现出较为一致的地层应变规律。

　　从图 4-22 中均发现，从最初的工作面开采位置到距孔口 150m 范围内，地面监测钻孔中的测试光缆整体应变值均无明显变化，表明这一开采阶段并没有对监测钻孔范围附近岩层内的原始应力产生影响，此过程中监测钻孔周围的岩体结构无扰动变化。

　　从工作面退尺距孔口 150～75m 范围、垂深在 –40～–100m 范围内的砂砾岩层

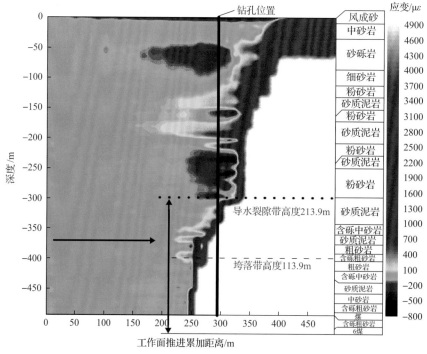

(a) 1#应变光缆测试数据云图

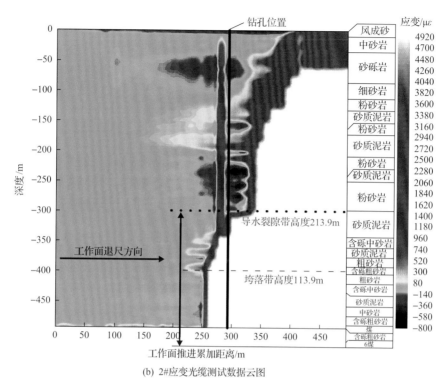

(b) 2#应变光缆测试数据云图

图 4-22　钻孔控制范围内地层应变时空变化分布云图

内光缆受到逐渐增大的压应变，应变值达到了–500με 左右，而此时在垂深–130～ –207m 范围内的拉应变在逐渐增大，该层以泥岩层为主。表明随着工作面逐渐开采至钻孔位置的过程中，首先上部的岩层应力发生变化，并且随着逐渐靠近钻孔位置，对应岩层内的应变值逐渐增大。

　　从工作面退尺距孔口 75～50m 的过程中钻孔中光缆不同位置处开始受到发生的应力值变化，其中，在垂深–400～–495m 范围内的岩层内部存在一定的压应变，但是应变值很小，基本维持在–140με 范围内，表明在这段时间内，由于煤层开采，对工作面前方 50m 位置处垂深–400～–495m 范围内的岩层产生了一定的影响；但是在这一开采过程段内，垂深在–325～–400m 范围的岩层内拉应变逐渐明显，拉应变达到了 300με 左右，该层位内岩性以砂岩为主；垂深在–296～–325m 范围内的岩层内应变无明显变化，该层位内岩性为砂质泥岩，表明这一过程中该层位内没有受到工作面开采而产生明显岩性结构的破坏；垂深在–220～–296m 范围内的岩性以粉砂岩为主，该层位内在这一时间段内产生了一定的压应变，但是应变值不大，在–200με 范围内；垂深在–125～–200m 范围内的拉应变继续增大，达到了 300με 左右；而垂深在–40～–100m 范围内的砂砾岩层内光缆受到的压应变迅速增大至–500με 左右。根据该范围内的应变云图，可以发现超前应力影响范围为 50～75m。

　　当工作面掘进位置距离孔口约 50m 时，垂深在–375～–495m 范围的岩层受到突然增大的拉应力，导致光缆直接被拉断损坏，分析认为，随着工作面不断推进，顶板悬空面积增加，上覆岩体受力状态也处于持续改变的状态，当其达到岩体承受强度极限时，形成岩层的局部垮落和大变形，重新填充采空区，岩层的这个变化过程受到回采速度影响，当回采速度越快时，其受到应变影响变化越为剧烈，当回采速度变缓时，其变化具有突发性，即在岩体前期保持相对稳定和缓慢变化的特征，当其达到强度极限的，突然产生岩体的大变形和断裂，这种变化过程常常致使光缆出现断裂。当开采位置距孔口 50m 时，该位置处的岩体承受的强度逐渐增大并达到极限时，突然产生岩体的大变形和断裂，该范围的岩层在垂深–375m 位置处产生了明显的层位移动，但其上部的岩层还没有形成明显的位移下沉，使得这一位置处的光缆直接拉断。

随着工作面的继续推进，从距离孔口 50～0m 过程中，钻孔中的光缆从垂深–400m 位置处继续向上逐渐断裂直至达到–300m 深度处停止断裂，在这一过程中，光缆不是突然长距离断裂，而是短距离一次一次断裂，说明在这一岩层范围内岩体结构没有明显的破坏及垮落现象，而是在岩体内部逐渐从下向上产生了裂隙，同时裂隙在逐渐向上发育变化及增大，这就导致了前面所说的情况。结合工作面过孔口后一定范围内光缆依然没有发生进一步断裂，表明了垂深在–296～–400m 范围内的岩体结构产生了一定的破坏，形成了较为发育的裂隙带范围，也就是所说的导水裂隙带。在这一过程中，垂深 0～–296m 范围内的相应位置处，岩层内的应力同时也在逐渐变化，其中，垂深在–225～–296m 范围内的泥岩层下部岩体由于产生了一定的变形破坏及下沉，使得该范围内的泥岩层整体出现了一定的弯曲下沉并产生了逐渐增大的压应变，但其内部的岩体并没有出现结构破坏；与此同时，垂深在–100～–200m 范围岩层内的拉应变有所增大。

根据光纤数据分析判断认为：监测光纤控制至煤层顶板上方 12m，孔深为 513.95m；随着工作面的推进，煤层顶板上方 63.9m 为一断裂位置，煤层顶板上方 113.9m 为一断裂位置，解释为顶板岩层的垮落带，其高度为 113.9m；再向上方 153.9m、173.99m 都是裂缝发育区，影响到顶板上方 213.9m 高度，处于孔深 296.75m 处的粉砂岩与砂质泥岩分界面处，判断导水裂隙带高度为 213.9m；工作面推过孔口 140m 时，钻孔监测数据相对稳定，其中孔深 0～131m 仍存在连续稳定信号，表明导水裂隙与上部地表的裂缝发育不连通。

2) 地电场测试分析

根据探测剖面的电阻率分布特征对煤顶板覆岩岩层变形与破坏规律进行分析，以及判定裂缝带发育高度值，其基础是顶板覆岩岩层受到采动影响后，岩层结构发生相应的变化，这会引起岩层电阻率值发生变化，不同日期的电阻率测试结果对比可以看出其相对变化的过程。因现场数据采集量大，所以未列出所有数据，仅对测试结果进行对比选取出相对直观的结果加以说明。

　　图 4-23 为 2017 年 9 月 22 日钻孔中视电阻率剖面，工作面回采位置距孔口 292m，回采位置远离监测区。监测钻孔下方电阻率由冷色至暖色调分布，分别代表 0～260Ω·m，

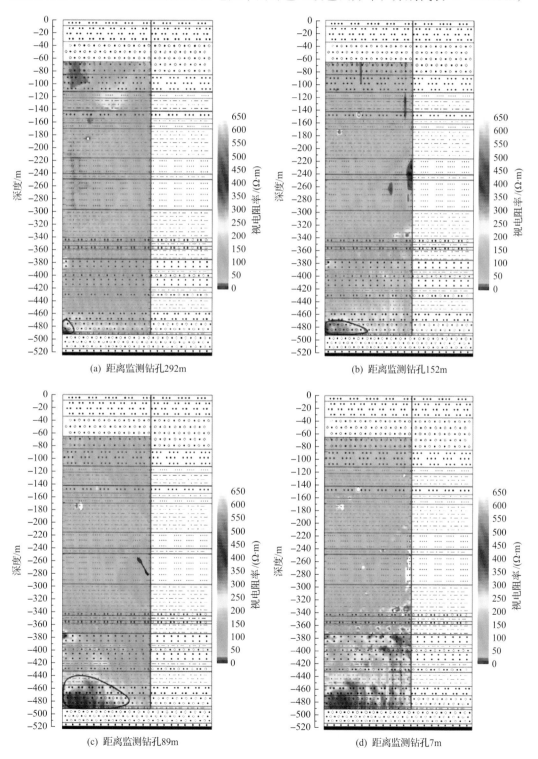

(a) 距离监测钻孔292m

(b) 距离监测钻孔152m

(c) 距离监测钻孔89m

(d) 距离监测钻孔7m

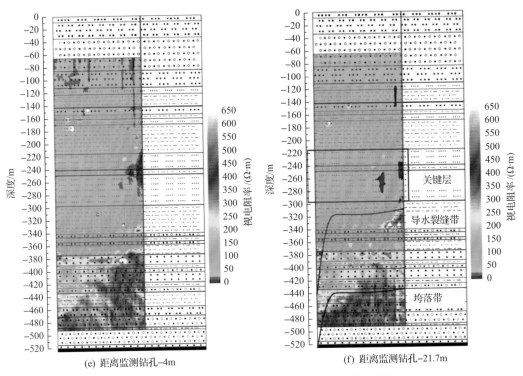

(e) 距离监测钻孔−4m   (f) 距离监测钻孔−21.7m

图 4-23   监测钻孔视电阻率背景值观测结果剖面图

由于工作位置距离较远，采动对上覆地层的影响尚未影响至监测区域内，故可将此次视电阻率剖面作为背景值进行分析。背景电阻率分布中其值在 10～200Ω·m 均有分布，垂深在−374～0m 范围内，电阻率分布主要集中在 10Ω·m，垂深在−495～−374m 的区域内电阻率为 100～200Ω·m。结合综合柱状分析可能为岩层裂隙发育、含水性不均一所致，因此，局部岩层电阻率的高低变化反映出岩性变化或岩体完整性的不同，在本次监测中，可视为正常岩层电性特征反映，该值为后续探测剖面对比提供了基础。

由图 4-23(b)视电阻率剖面图发现，在这段监测时间段内的各视电阻率剖面图无明显变化，此时工作面退尺距离监测钻孔大于 152m，表明由于距离监测断面较远，工作面开采导致的覆岩破坏还未影响到该范围；图 4-23(c)中工作面退尺距离至孔口 89m 过程中，垂深在−374m 以下范围内测得的岩体视电阻率值逐渐降低，表明此阶段工作面开采已经对监测断面内的岩体结构产生一定的影响；随着工作面的继续开采，直至工作面退尺距离孔口 7m，下部的岩体电阻率值迅速增大，整体已达到 240Ω·m 左右，但上部岩体的视电阻率无明显变化；当工作面距离监测钻孔−21.7m 后，覆岩破坏高度基本稳定，其中"两带"度范围如图 4-23(f)所示。

4.3.4   地面钻孔监测结果

依据测试断面钻孔的光纤和电法测试结果，以及与背景值对比的变化量倍数差异，对 6 煤开采顶板覆岩岩层变形与破坏特征进行综合分析。

(1)随着工作面逐渐开采至钻孔位置，首先上部的岩层应力发生变化，并且随着逐渐靠近钻孔位置，对应岩层内的应力值逐渐增大，其中，垂深在 40～100m 范围内的砂砾岩层内压应变逐渐增大，应变值达到了–500με 左右，而此时在垂深–125～–200m 范围内的拉应力在逐渐增大，该层以泥岩层为主。

(2)工作面退尺位置距离孔口为 50～75m 过程中，钻孔中的光缆在不同位置处开始发生明显的应力值变化，同时，视电阻率剖面图中也显示覆岩电阻率发生变化。根据该范围内的光纤应力云图，可以发现超前应力影响范围为 50～75m。

(3)通过监测数据，覆岩破坏高度的最大显现位于工作面回采后方 20～35m，其破坏形态以断裂破坏为主，断裂破坏岩层在自重作用下下沉。采后顶板下部表现出裂隙发育，当裂隙发育一定高度时，破坏高度趋于稳定未向上部扩展。上部岩体结构保持了较好的完整性，而顶板岩体一旦发生塑性形变后，其形变通常具有不可逆性，会改变原有岩体结构和力学性质。

(4)监测发现，光缆和电缆发生的断裂点基本均出现在岩性差异较大的分界面处，表明岩石物理力学性质及岩性结构差异较大的岩层界面处，容易产生明显的应变差异，进而易发生破坏。

(5)综合分析，6 煤顶板上方 0～113.9m 为垮落带范围，0～213.9m 为上覆岩层变形破坏的导水裂隙带。整体变形与破坏规律明显，超前应力达到工作面前方 50.0～75.0m，且上覆岩层不同层间受力特征不同，破坏高度也有一定差别。

4.4　井下底板多孔断面监测研究

4.4.1　研究区地质条件

研究井田位于内蒙古自治区准格尔煤田，为一不规则多边形，南北最长约 8.5km，东西最宽约 5.1km，扣除两个砖厂在该井田的重叠面积(准格尔旗万欣源砖厂 0.077632km²、准格尔旗周家湾兴祥砖厂 0.007949km²)，该井田面积约 28.572km²(图 4-24)。井田内可采煤层埋深 357.00～576.03m，赋煤标高 860～730m。

该煤矿主采煤层为 6 煤，61103 工作面矿井首采盘区东翼工作面，东部为 DF11 断层组，西至 6 煤辅运大巷，北为 61102 工作面(未掘)，南为 61104 工作面(未掘)。61103 工作面标高为 770～800m。6 煤底板标高在 770m 左右，埋藏深度为 507.5～551.6m，平均 529.55m，煤层埋藏较深。该区煤层厚度稳定，煤层厚度 16.8～21.7m，全区可采平均厚度 18.7m，大部含有 3～7 层夹矸，夹矸为泥岩、砂泥岩，夹矸厚度不稳定，局部呈透镜状。煤层厚度南厚北薄，西厚东薄，运输顺槽煤层厚度大于回风顺槽。6 煤近水平倾角 0°～6°，平均 2°，整体表现为南高北低，东高西低。6 煤为黑色、暗淡光泽，以块状—粉末状为主，以半亮煤为主，含暗煤和镜煤条带，属半暗型—半亮型。

煤层顶板为细砂岩，厚度不大，底板为泥岩及煤线。工作面顶底板岩性见表 4-5。

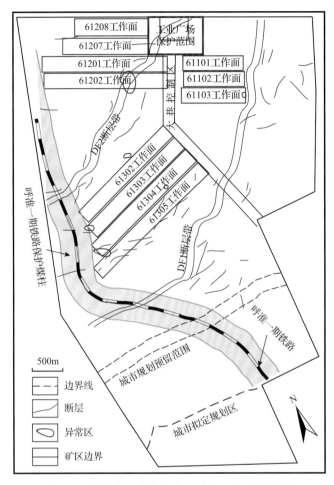

图 4-24 某煤矿地质构造及已开采工作面分布简图

表 4-5 61103 工作面顶底板岩性   （单位：m）

顶底板名称	岩石名称	厚度	岩性特征
老顶	中细砂岩	$\dfrac{3.2\sim12.6}{7.8}$	灰色，以石英为主，分选磨圆中，夹煤线条痕，半坚硬
直接顶	粉细砂岩	$\dfrac{2.0\sim4.3}{2.9}$	灰色，以石英为主，分选磨圆中，夹煤线条痕，半坚硬。6 煤顶板砂岩以细砂岩为主，厚度不大，富水性较弱
伪顶	无		
直接底	砂泥岩	$\dfrac{6.1\sim6.7}{6.5}$	灰黑色，厚层状构造，团块状，断口呈参差状，含植物化石
老底	细砂岩	$\dfrac{0\sim9.1}{5.7}$	灰色，以石英为主，分选磨圆中，夹煤线条痕，半坚硬。局部相变为中砂、粉砂岩

4.4.2　监测系统布置与安装

回采范围内煤层平均开采厚度约 18.7m，采用综采放顶煤方法回采。在该工作面底板破坏深度探查中，借助煤层底板岩层钻孔构建并行电法及光纤测试综合系统，根据工作面不同回采进度条件下底板岩层多场多参量的响应特征，测试与分析煤层底板破坏与开采过程之间的动态关系，掌握其破坏发育规律，实现对底板岩层随采动产生的变形与破坏动态监测，获得底板裂隙发育或岩层破坏的最大深度，为工作面开采灰岩水防治提供依据，促进煤矿安全生产。

1）钻孔位置

根据此次工作面底板破坏规律探查任务和施工条件，在 61103 工作面回风顺槽设计 1 个底板岩层破坏钻孔监测断面（包括光纤、电法两种方法），共施工 3 个底板钻孔，断面位于 8#钻场向切眼方向 30m，于回风巷道外帮布置 1#、2#、3#钻孔。测试过程在断面设计监测基站开展工作面回采对底板破坏程度影响的测试研究，钻孔设计立体空间示意图如图 4-25 所示。

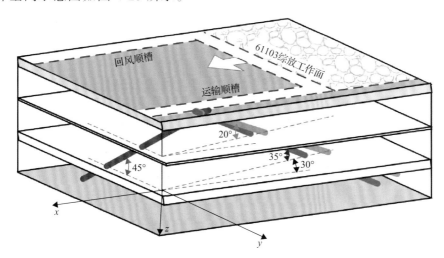

图 4-25　61103 工作面钻孔设计立体空间示意图

监测断面于 2016 年 9 月 5 日安装完毕，数据采集时间自 9 月 6 日开始，光纤数据采集时间截至 11 月 7 日，共采集 1#、2#、3#钻孔光纤数据 73 组。电法数据采集时间截至 11 月 25 日，共采集 1#、2#钻孔光纤数据 92 组。数据初次采集回采工作面退尺位置距离 8#钻场监测断面 116.5m，采用首次采集数据作为数据初值。随工作面不断推进，监测频度逐步增大，获得至工作面推进过监测断面位置–100m 的动态数据。1#、2#钻孔设计偏向工作面内 20°，朝向工作面退尺方向。其中 1#钻孔孔深 82.6m，2#钻孔孔深 94.5m，3#钻孔孔深 62.5m，设计布置示意图如图 4-26 所示。

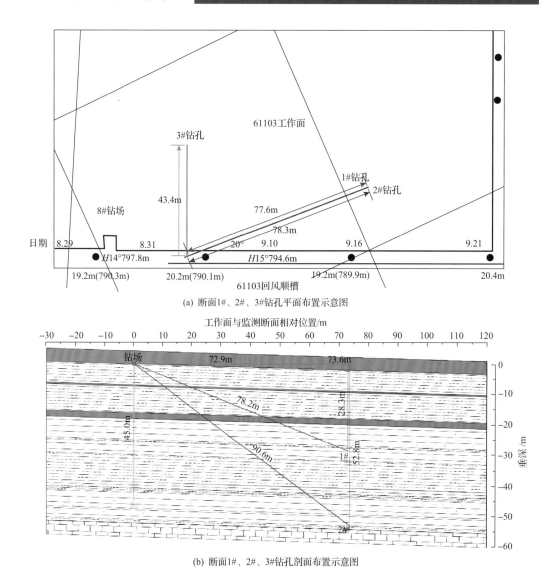

(a) 断面1#、2#、3#钻孔平面布置示意图

(b) 断面1#、2#、3#钻孔剖面布置示意图

图 4-26　断面设计布置示意图

2) 钻孔技术参数

现场监测钻孔参数见表 4-6。钻孔设计相应监测断面位置形成有效的点、线、面三位一体的监测与探测空间。

表 4-6　现场监测钻孔参数表

施工断面		钻孔编号	钻孔参数				钻孔控制范围
			倾角	方位	孔径/mm	孔深/m	
61103 工作面回风顺槽	8#钻场向切眼后30m 巷道外帮	1#	俯孔 20°	与巷道走向夹角 20°	91	82.6	平距 72.9m 垂深 28.3m
		2#	俯孔 34°	与巷道走向夹角 20°	91	94.5	平距 73.6m 垂深 52.8m

现场施工中，工作面的推进使得煤层底板岩层应力状态发生改变，其结果会造成底板岩体产生变形、位移乃至破坏。地层结构及岩体物性属性对测试结果有着重要的影响，通过前期计算和基础实验，此次传感器与测线的布置设计能够有效满足在测试区域范围内底板应力变化、电阻率变化等测试参量的技术要求。

4.4.3   数据采集与分析

1. 数据采集

监测钻孔 2016 年 9 月 5 日安装完毕后，仪器监控站设置于钻孔向后 100m 位置，测试过程中做好对测试电缆及延长线的有效保护。现场光纤、电极测试系统安装完成后首先对测线进行测试，检测数据采集质量，为后期监测数据采集提供有效参考。

1#、2#钻孔安装完成后，实施数据初值采集，此时工作面回采退尺点距离监测断面孔口距离 116.5m。后期监测数据采集以距离监测断面 80m 为参考增加观测密度，此区间内每天进行数据的连续采集，对底板变形、应变分布、电阻率变化情况进行实时监测。

61103 工作面回风顺槽钻孔控制范围为该工作面回采退尺底板影响深度范围内以及工作面超前应力影响引起岩体产生不同时空关联内的变化规律与特征的区域。断面监测系统于 2016 年 9 月 5 日安装完毕，光纤数据采集时间自 9 月 6 日开始，截至 11 月 7 日，共采集 1#、2#钻孔光纤数据 73 组，电法数据采集时间自 9 月 6 日开始，截至 11 月 25 日，共采集 1#、2#钻孔电法数据 92 组。数据初次采集回采工作面退尺位置距离监测断面 116.5m，采用首次采集数据作为数据初值。随工作面不断推进，监测频度逐步增大，获得至工作面推进过监测断面位置–28.1m 的动态数据。监测过程中，根据工作面回采情况及数据变化对采集数据频次及周期进行调整，进而实现全程动态监测。因此，全程实时监测有效获得了工作面采动影响前的底板背景数据，以及煤层回采底板变形开始至变形形成、工作面推过进入采空区后底板趋于稳定状态的应变场、电场的变化特征规律。

表 4-7、表 4-8 分别为工作面退尺与光纤测试、电法测试情况，目的是通过与掘进进度数据相结合，进一步探究与分析掘进过程中围岩应力变化、电阻率变化的时空特征关系。综合应用现场光纤和电法测试数据，目的是实现多参量数据体地质信息的综合分析，进而加强对数据采集的有效性验证。现场施工、测试与监测过程历时近 2 个月，完成断面监测内容，获得采动影响前、中、后期底板岩体监测的变化特征。

2. 监测成果

通过对回采过程中钻孔数据的采集，钻孔控制深度范围显现出超前应力影响范

表 4-7 工作面退尺与光纤数据采集情况

采集序号	时间	退尺位置/m	推尺距离/m	距离孔口/m	采集序号	时间	退尺位置/m	推尺距离/m	距离孔口/m
C1	2016-09-06	0	0	116.5	C12	2016-10-25	72.4	3.9	44.1
C2	2016-10-13	20.5	20.5	96	C13	2016-10-26	78.4	6	38.1
C3	2016-10-14	23.6	3.1	92.9	C14	2016-10-27	81.2	2.8	35.3
C4	2016-10-15	24.7	1.1	91.8	C15	2016-10-28	81.8	0.6	34.7
C5	2016-10-17	34.5	9.8	82	C16	2016-10-29	83	1.2	33.5
C6	2016-10-19	44	9.5	72.5	C17	2016-10-30	90.5	7.5	26
C7	2016-10-20	49.5	5.5	67	C18	2016-10-31	100.1	9.6	15.9
C8	2016-10-21	52.8	3.3	63.7	C19	2016-10-01	106.5	6.4	10
C9	2016-10-22	58.3	5.5	58.2	C20	2016-11-02	111.4	4.9	5.1
C10	2016-10-23	63	4.7	53.5	C21	2016-11-03	119.8	8.4	−3.3
C11	2016-10-24	68.5	5.5	48					

表 4-8 工作面退尺与电法数据采集情况

采集序号	时间	退尺位置/m	推尺距离/m	距离孔口/m	采集序号	时间	退尺位置/m	推尺距离/m	距离孔口/m
CS1	2016-09-06	0	0	116.5	CS16	2016-10-23	63	4.7	53.5
CS2	2016-09-07	0	0	116.5	CS17	2016-10-24	68.5	5.5	48
CS3	2016-10-08	9.5	9.5	107	CS18	2016-10-25	72.4	3.9	44.1
CS4	2016-10-09	11.5	2	105	CS19	2016-10-26	78.4	6	38.1
CS5	2016-10-10	13.5	2	103	CS20	2016-10-27	81.2	2.8	35.3
CS6	2016-10-11	15.5	2	101	CS21	2016-10-28	81.8	0.6	34.7
CS7	2016-10-12	17.5	2	99	CS22	2016-10-29	83	1.2	33.5
CS8	2016-10-13	20.5	3	96	CS23	2016-10-30	90.5	7.5	26
CS9	2016-10-14	23.6	3.1	92.9	CS24	2016-11-01	106.5	6.4	10
CS10	2016-10-15	24.7	1.1	91.8	CS25	2016-11-02	111.4	4.9	5.1
CS11	2016-10-17	34.5	9.8	82	CS26	2016-11-03	119.8	8.4	−3.3
CS12	2016-10-19	44	9.5	72.5	CS27	2016-11-04	128	8.2	−11.5
CS13	2016-10-20	49.5	5.5	67	CS28	2016-11-05	137	9	−20.5
CS14	2016-10-21	52.8	3.3	63.7	CS29	2016-11-06	138.5	1.5	−22
CS15	2016-10-22	58.3	5.5	58.2	CS30	2016-11-07	144.6	6.1	−28.1

围,其特征变化表现出应变场、地电场等参数的相对变化。为了方便分析,观测过程中规定拉应变为正,压应变为负。针对本次底板监测任务,结合钻孔时空变化关系综合评价底板岩体变形、破坏过程中岩体应力、电性等变化特征。其中,电性数据结果分别通过电流比值和电阻率进行展示。

1) 监测断面光纤应变分布特征

数据采集时间为 2016 年 9 月 6 日至 11 月 7 日,共采集 1#、2#钻孔数据 73 组。由于施工工艺和现场地质条件限制，1#钻孔实际控制斜长为 82.6m，控制平距为 72.9m，控制垂深为 28.3m；2#钻孔实际控制斜长为 94.5m，控制平距为 73.6m，控制垂深为 52.8m。随工作面不断推进，1#、2#钻孔受到超前应力压缩以及采后顶板悬空卸压、底板岩体底鼓的影响。根据对监测断面钻孔不同深度的光纤应变测试结果分析，获得测试时间段内的观测结果，1#、2#钻孔应变分布示意图如图 4-27 所示。

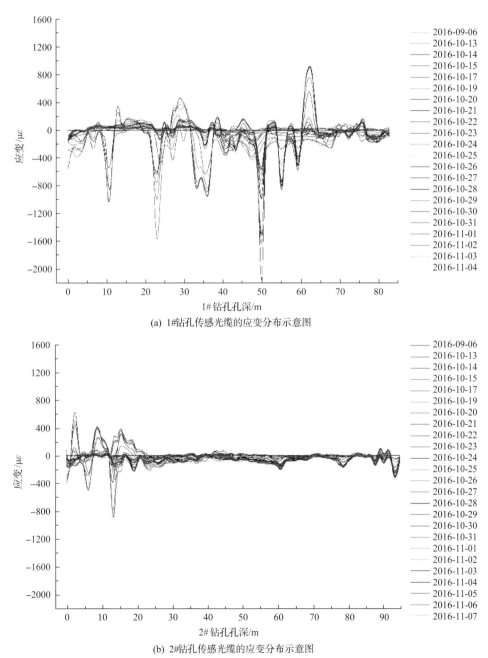

(a) 1#钻孔传感光缆的应变分布示意图

(b) 2#钻孔传感光缆的应变分布示意图

图 4-27　监测周期内 1#、2#钻孔应变分布示意图

图 4-27(a) 为 1#钻孔传感光缆的应变分布曲线。由图 4-27(a) 可知，光缆应变总体以压应变为主(这里定义拉应变为正，压应变为负，光缆应变点的空间采样间隔为0.05m，下同)，说明底板受采动超前应力影响前期呈现整体压缩，当工作面推过监测钻孔相应的监测区段，煤层开采形成卸压空间，底板岩层上覆压力释放，向上发生底鼓，表现为膨胀变形，呈现一定的拉伸应变。钻孔最大拉应变为 920με，位于孔深 62m 处；最大压应变为 -2155με，位于孔深 49.8m 处。由图 4-27(a) 可以看出，在工作面回采过程中，监测初期距离工作面退尺位置相对较远时，感应光缆基本未受到采动影响，并且在钻孔全长内的感应光缆应变趋势保持相对稳定，说明工作面采动影响的超前影响距离存在有限性。

图 4-27(b) 为 2#钻孔传感光缆的应变分布曲线。由图 4-27(b) 可知，光缆应变总体以压应变为主，说明底板受采动超前应力影响前期呈现整体压缩，当工作面推过监测钻孔相应的监测区段由于底板上方形成采空区，发生膨胀变形，呈现一定的拉伸应变。钻孔最大拉应变为 616με，位于孔深 2.5m 处；最大压应变为 -876με，位于孔深 13.3m 处。由图 4-27(b) 可以看出，在工作面回采过程中，监测初期距离工作面退尺位置相对较远时，感应光缆基本未受到采动影响，并且在钻孔全长内的感应光缆应变趋势保持了相对稳定，说明工作面采动影响的超前影响距离存在有限性。

图 4-28 为 1#、2#钻孔光缆随工作面的推进每次监测的结果曲线图，以钻孔为坐标原点，水平方向为钻孔超前控制水平距离，垂直方向为各个钻孔控制垂深，垂直钻孔方向的各个点对应于钻孔控制相应层位的应变值，将各个点连接即为每个钻孔相应时间段的应变曲线。1#、2#钻孔均为超前控制底板影响钻孔，其中 1#钻孔偏向工作面内 20°，俯角为 20°，2#钻孔偏向工作面内 20°，俯角为 34°，两钻孔控制的水平超前距离相近，但是由于 1#钻孔较 2#钻孔为浅孔，其较先受到超前应力的影响在相应层位发生一定的应变变化。

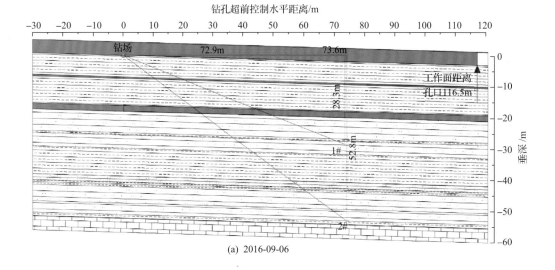

(a) 2016-09-06

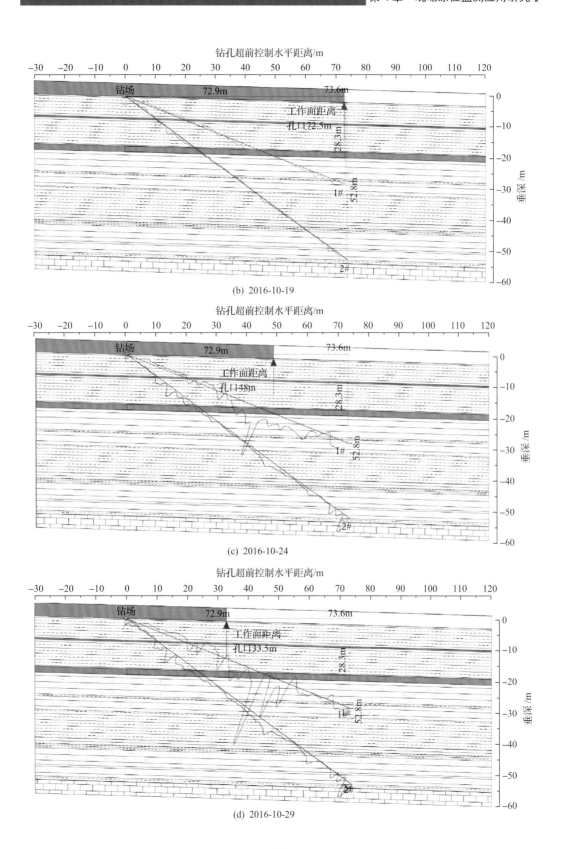

(b) 2016-10-19

(c) 2016-10-24

(d) 2016-10-29

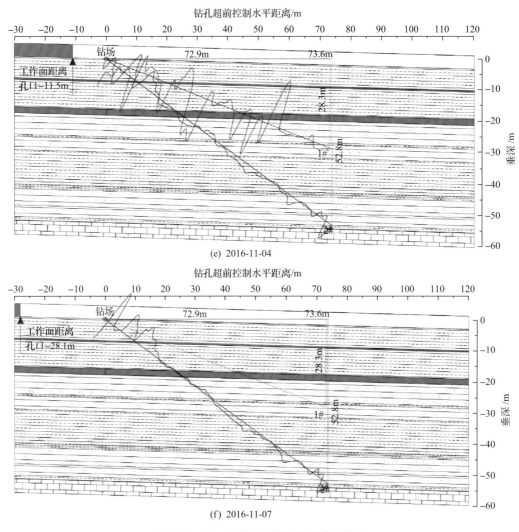

(e) 2016-11-04

(f) 2016-11-07

图 4-28 1#、2#钻孔光缆应变分布示意图

在钻孔控制超前范围之外两钻孔控制区域内应变基本无变化，采动影响程度较低。随着工作面继续推进，1#钻孔孔底最先受到扰动影响发生应变值的变化，同时 9 煤下与上部泥岩层底端也受到超前应力的影响产生压缩变化。当工作面推进至孔口 58.2m 时，9 煤下及其下部砂岩层顶端发生较大的压应变显现。

当工作面推进至孔口 48m 时，9 煤下受到较大的压缩应力，应变变化趋势出现陡增的现象，分析其原因是煤的弹性模量较其他岩性低，因此当受到相同外力时煤层率先发生较大的应变变化。

当工作面推进至 38.1m 时，9 煤下应变达到峰值约为$-2150\mu\varepsilon$。随着工作面继续推进，1#钻孔控制孔深 50m 以深的层位已经处于采空区，此时顶板悬空卸压底板出现底鼓膨胀的趋势，钻孔控制的相应层位压应变值出现回弹，并且在孔深 60m 的位置已经有拉应变显现。

当工作面推进至距孔口 5.1m 时，1#、2#钻孔在孔深 13m 左右均表现出最大压应变。2016 年 11 月 3 日工作面推过孔口 3.3m，两钻孔所控制层位均处于采空区，底板岩层在卸压情况下承受向上的拉应力，表现为前期压应变回弹、拉应变变大的趋势。

通过 1#、2#钻孔传感光缆的应变分布及其与地层对应关系综合分析，工作面开采过程中，不同方位、不同深度、不同扰动影响深度，底板应变随工作面回采的分布情况，如图 4-29 所示。底板采动变形先后经历弹性变形、剪切变形、膨胀变形三

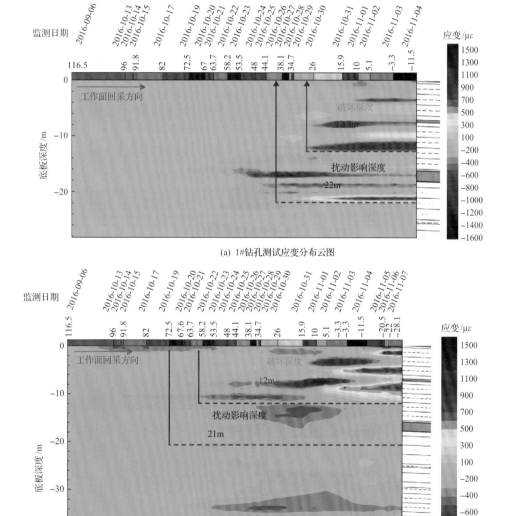

(a) 1#钻孔测试应变分布云图

(b) 2#钻孔测试应变分布云图

图 4-29　1#、2#钻孔控制范围内地层应变时空变化分布示意图

种形式。上述三种变形分别由超前应力、采动集中荷载、采后卸压引起,其中超前应力影响下,底板岩体主要表现为岩体的弹性压缩,随着采动集中荷载的不断推进,底板岩体逐步受压剪切力影响,底板岩体发生拉张破坏,当工作面推过形成采空区,在采场采空区形成卸压区,该区域岩体弹性势能释放,最后底板裂隙场发育得相对稳定。

底板岩体在工作面的采动过程中,钻孔控制范围内不同深度表现出不同应变分布,其在数值特征上的变化为相对于采集初值应变差的增大与减小。通过数据可以直观看出,传感光缆对应变场、位移场的响应特征具有较好的灵敏性,能够有效捕捉岩体动态损伤的过程。1#、2#钻孔在数据采集过程中形成较好的协同作用,获得相对完整的超前应力、底板破坏范围动态数据。其中 1#钻孔有效捕捉浅部范围应变分布,2#钻孔有效捕捉深部范围应变分布,二者在空间位置上的分布形成较好的数据对比,在相互验证测试数据有效性的同时,呈现可控空间范围内的岩体破裂演化的规律。1#、2#钻孔测试数据对于底板压缩和膨胀及应力重新平衡都有很好的数值表现。

1#、2#钻孔综合分析如表 4-9 所示。底板破坏深度位于底板下方 12.5m 以上层位,扰动影响深度位于底板下方 22m 以上层位。

表 4-9 监测断面不同钻孔测试结果 (单位:m)

孔号	1#	2#	综合分析
底板破坏深度	12.5	12	12.5
扰动影响深度	22	21	22

2)监测断面电阻率分布特征

根据以往底板破坏探测经验,对于煤层底板岩层较坚硬地层,煤层开采后的底板破坏可能存在滞后现象,双孔系统可以更好地观测底板破坏形态。双孔电法均采用 AM 法进行数据采集,两孔位于同一坐标系,对采集数据进行全空间电场电阻率反演。所有电阻率结果图像均采用统一图标,蓝绿色调(冷色调)为较低电阻率值区,红色调为较高电阻率值区。

由于数据反演结果的连续性不是很稳定,选取其中有代表性的数据反演结果来说明探测情况。由于反演的电阻率结果不是直接由电流电压数据计算而来,与钻孔电流比值结果存在一定的差异,主要反映双孔系统间电阻率参数的相对变化情况。

图 4-30 为 2016 年 9 月 6 日钻孔探测具有代表性的视电阻率图。由于工作面切眼距观测系统 116.5m 左右,工作面采动应力对该范围基本无影响,可代表岩层未受采动影响下的正常电阻率值。总体上,钻孔间岩层电阻率值在 200Ω·m 以下,反映了正常砂岩、泥岩层的电阻率背景值。

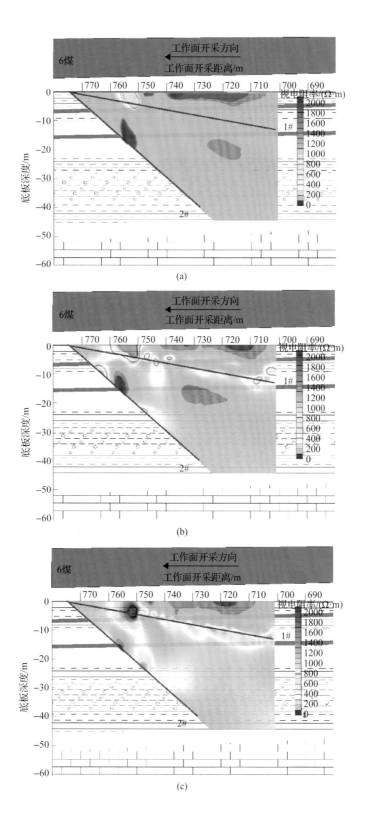

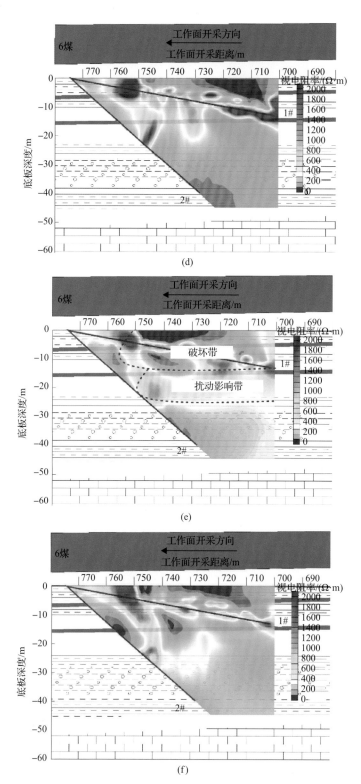

图 4-30 2016 年 9 月 6 日钻孔探测具有代表性的视电阻率图

工作面切眼距孔口位置在 116.5～72m，这段时间探测的电阻率图像变化缓慢，图像特征基本一致，电阻率值基本在 200Ω·m 以下，反映了正常砂岩、泥岩层的电阻率值；工作面切眼距孔口位置在 67～58.2m，观测范围局部电阻率值有所升高，特别是距钻孔孔口 34～60m 范围，电阻率值明显升高，表明该范围已经受采动应力超前影响，超前影响距离达 30～70m；工作面切眼距孔口距离在 53.5～33.5m，观测范围电阻率图像变化缓慢，图像特征基本一致；工作面切眼距孔口距离在 26～22m，采空区下方部分电阻率值明显升高，观测范围已初步出现电阻率分带现象；工作面回采距离监测孔口 22～60m，视电阻率图像基本稳定，垂深 13m 位置表现为高阻特征，该位置发育为离层；破坏带已发育充分。

工作面切眼在过孔口 63.5～100m，采空区电阻率值显著升高到 500Ω·m 以上，电阻率值呈现明显的分带现象：垂深 13m 以上为高阻区，电阻率值最高；垂深 13～26m，电阻率值高低不均匀，为破坏带发育扰动不均匀的反映；垂深 26m 以下，电阻率值相对最低，分布均匀。该结果和电极电流比值变化结果基本一致。根据电阻率值变化特征，可以判断破坏带深度为 13m，破坏带最大扰动深度为 26m，当日切眼距离钻孔孔口 26m。

3）"两带"发育规律综合分析

由钻孔光纤传感器与并行电法结果可见，两种方法探测结果基本一致。考虑到并行电法电极点位置准确，数值变化灵敏，反映的破坏带变化更为清晰，因此，对于"两带"的划分与判断，以钻孔光纤传感器成像结果为主体，钻孔并行电法成像结果相辅助进行解释。

由 1#、2#钻孔光纤传感综合分析可得：底板破坏深度位于底板下方 12.5m 以上层位，扰动影响范围位于底板下方 22m 以上层位。工作面开采过程中，底板分别因超前应力、采动集中荷载、采后卸压而引起采动变形先后经历弹性变形、剪切变形、膨胀变形。1#、2#钻孔在数据采集过程中形成较好的协同作用，获得相对完整的超前应力、底板破坏范围动态数据。其中1#钻孔有效捕捉浅部范围应变分布，2#钻孔有效捕捉深部范围应变分布。

综合并行电法的电流比值和电阻率反演结果得出"破坏带"的深度为 13m，该范围后期反演电阻率值达 700Ω·m 以上，而未明显受采动影响的覆岩电阻率值通常为 200Ω·m 以下，电阻率值升高 3 倍以上，电极电流比值下降到 0.6 以下，为典型的"破坏带"电性特征。

随工作面的推进，工作面前方岩层不断发育，伴随着周期来压现象，不断向前发育。工作面前方电阻率值略有升高带或电流比值有所变化带即代表了超前应力作用带，在超前应力作用下，该范围裂隙有所发育，导致电阻率值有所升高。在 2#钻孔超前控制范围 73.6m 内，当工作面推进至 2016 年 10 月 22 日即距离孔口 58.2m 时，位于底板 9 上煤与 9 下煤之间泥岩层中上部最先受到超前应力压缩显现压应变，部分岩层界面附近电极电流比值有所下降，到孔口 53.5～26m 处电流值下降，受到采动的超前影响，超前影响 25～35m。而此时观测范围局部电阻率值有所升高，特别是距钻孔孔口 20～26m 范围，电阻率值明显升高，表明该范围已经受采动应力超前影响，超前影响距离达 25～40m。

通过对 61103 工作面实施断面钻孔光纤及并行电法多参数综合测试，获得了工作面采动过程中底板岩层变形与破坏的全程特征和认识，具体来说包括以下几个方面：

本工作面在观测系统控制范围内采厚在 4m 左右，底板以泥砂岩为主，属于中硬岩，此工作面为综采，综采速度大约在 3.2m/d，现场能够保持 10m 内有一组数据，后期能够保持 5m 左右有一组数据，满足探测需求，确保成果安全有效。

通过光纤传感技术和并行电法结果综合分析，获得底板岩层的破坏带深度为 13m，位于泥岩层中；最大扰动影响深度为 26m，位于砂岩层的底部。综合判断结果见表 4-10。

表 4-10　监测断面测试结果汇总表　　　　　　　（单位：m）

监测断面	分区	光纤测试结果	电法测试结果	综合判断
8#钻场	底板破坏深度	12.5	13.0	13.0
	扰动影响深度	22	26.0	26.0

4.4.4　底板多孔监测结果

目前，在鄂尔多斯盆地准格尔煤田某煤矿先后完成了 4 个工作面、6 组测试断面共计 18 个底板测试钻孔的原位数据采集。通过在底板钻孔中植入光纤及地电参数联合观测系统，测试回采过程中底板岩层应变和地电场数据的动态变化过程，根据测试结果分析底板岩层时空演化特征，获得了相应的结果和认识。

特厚煤层动压影响下底板破坏及扰动影响范围多分布于岩层分界面附近，岩层分界面上下岩石的弹性模量、剪切模量、抗拉强度等参量存在差异，导致在应力重新分布下表现的承载能力不同，所处的变形破坏阶段也不同。底板破坏深度、最大扰动影响深度与岩层的岩石力学属性等密切相关。煤层开采底板影响范围受煤厚、岩层结构、开采方式等多种因素影响，相对来说，特厚煤层开采时，其底板破坏及扰动深度较其他类型煤厚有一定增加，但规律性特征不强。结合区内具体工作面底板探查数据，除 61201 工作面外，其余紧邻灰岩上方的砂质泥岩层均未受破坏扰动影响，关键隔水层段完整。

图 4-31 为研究煤矿多孔监测系统测试底板破坏特征分布图。可以看出，6 煤底板破坏在垂向上具有明显的分带性，采区工作面底板破坏深度在 7.2～16.5m，主要破坏层位在细砂岩以上层段；扰动影响最大深度在 33m 左右，主要扰动层位在砂质泥岩

以上层段；底板破坏在横向上具有超前性，各工作面的超前影响距离为 25～60m。

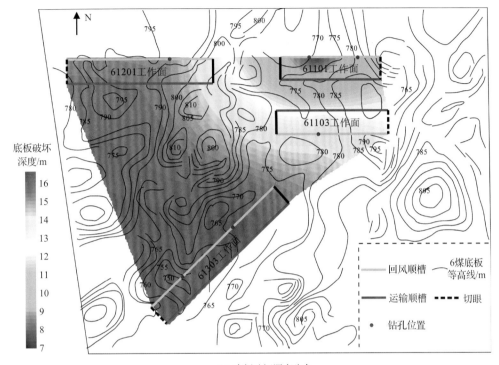

(a) 底板破坏深度分布

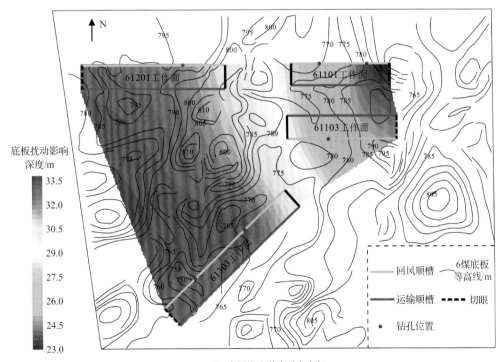

(b) 底板扰动影响深度分布

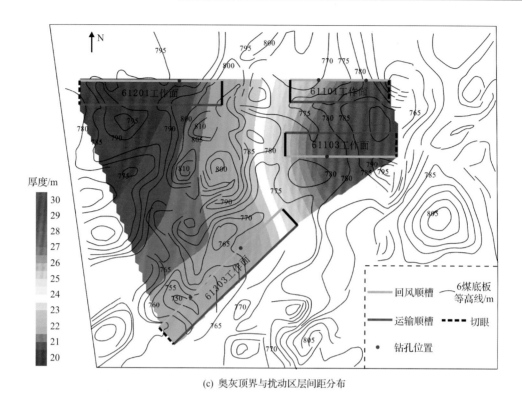

(c) 奥灰顶界与扰动区层间距分布

图 4-31　研究煤矿多孔监测系统测试底板破坏特征分布图

区内各工作面底板破坏特征具有一定的相似性，采动影响作用下底板损伤程度在空间上呈东北区域浅、西南区域深的分布规律；奥陶纪灰岩顶界与扰动区层间距分布呈东部区域厚、西部区域薄的特点；垂向上底板破坏及扰动影响多分布于岩层分界面附近，其对关键隔水层段的扰动影响较小。

研究表明，利用井下多个断面的原位测试数据，构建研究区底板变形破坏四维变化特征，有助于发挥多场多参数测试大数据的综合判识作用。结合井下底板岩层结构及构造特征，加强对原位测试参数阈值的确定及构造复杂区域的专项监测研究，为矿井水害防治技术应用及安全生产提供更为精准、可靠的支撑。

第5章 监测技术分析与展望

本书围绕现阶段采场围岩变形监测方法、技术、装备及其工程应用等内容进行总结，并根据作者课题组近年来开展的相关工作进行光纤-电法联合监测技术应用分析。通过岩体破裂阈值判识与评价、围岩变形监测钻孔设计、数值模拟、物理相似模型试验及工程原位测试等研究，研发了采动空间围岩变形与破坏的多场、多参数动态监测方法，提出了邻近采场布设及安全分类识别体系。监测技术工程应用结果表明，该监测技术具有操作便利、测试结果可靠、工程问题解决适用性强等特点。

针对不同类型地质赋存条件及探测目标任务，书中厘清了井上下监测钻孔的空间设计、传感线缆选型、现场传感线缆植入工艺、测试仪器参数设定等各环节施工方案；揭示了东部淮南矿区和鄂尔多斯矿区相关工作面采动过程中围岩应力分布及岩体损伤破坏全程应变场、地电场时空演化特征；研发了一套岩层变形破坏多地质地球物理场数据处理及综合判别的技术方法。该套煤层围岩变形破坏监测技术已在采场围岩变形与破坏测试中得到推广应用。

5.1 监测技术总结

煤炭资源开采向着绿色化、精准化、智能化方向发展就要求开展多参数测试技术应用来保障矿井安全开采，这也是矿山开采未来发展的趋势和方向(图5-1)。工作面开采改变围岩应力条件，产生岩层的变形与破坏，获取围岩破坏特征及判别参数，是进行岩层破坏机理及其控制研究的基础。以采场围岩岩层为研究对象，通过测试岩层受力变形至破坏过程中地电场、应变场、渗流场变化特征，构建不同矿区地质条件下的采场围岩模型，建立"光纤-电法"联合监测系统，进行测试模拟与实测数据分析研究，形成监测技术体系与评价系统是本书的主要研究内容。

随着计算机信息技术、微电子技术、新材料技术、先进制造技术、系统集成技术等的持续进步，以及大数据、云计算、物联网技术平台的应用，采场围岩变形与破坏测试技术得到了快速发展。一些新的测试方法不断引入采场围岩变形破坏测试中，相关理论研究的进步也使得测试技术呈多元化发展，采场围岩变形破坏参量的测试也逐渐呈现由单到多的发展趋势，并有逐步形成三维可视化、四维动态化，包括震、电、声、光、磁等多物理参数的采集趋势。测试方式也由静态探测向动态监测、灾害评估向灾害预警趋势发展，形成日益完善的综合保障技术体系。

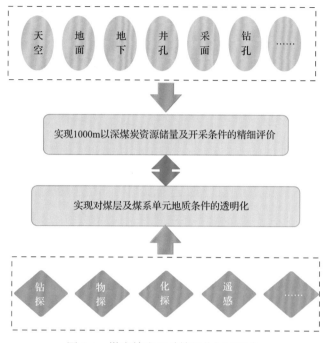

图 5-1 煤炭精准开采精细化探查需求

当前，围岩变形监测物探技术理论及实践应用已经形成。但是，随着开采工艺的进步和煤炭赋存地质条件的变化趋势，深埋、复杂、多场耦合等条件下的煤矿开采安全性问题将更加突出，利用"光纤-电法"联合监测技术构建匹配现有的采场围岩变形依然存在一些未完全解决的难题，有效解决此类问题，开展煤矿生产全生命周期精准开采地质保障，提高复杂地质条件下地质地球物理场的基础理论研究与测试技术优化任重道远。

通过目前测试技术的应用情况来看，采场围岩变形测试的实际应用也受到诸多限制。例如，传感器耦合与传递、布设工艺便捷程度、远程监控系统构建等，均需要考虑原位观测区域及时间，不能影响井下正常采掘工作。通过对"光纤-电法"联合监测技术优化实施过程的总结，需要作如下改进：①进一步优化传感器结构设计，提升其全空间耐久性与信息传输能力，增强传感器与围岩介质间的耦合效果；②开展有限空间环境下材料与观测系统多组合布设，进一步提升不同地质条件下耦合传递性的相关研究，创新孔-孔、孔-巷或孔-地等观测系统来有效降低误差影响，提高数据测试与解释精度。

特别地，对于仪器装备性能方面应提高稳定性、探测精度、抗干扰能力及多源数据信息综合采集、有效信息提取、干扰数据自动甄别与剔除等。促进仪器装备的测量传感单元自动定位，从而更加精准地展示井下异常监测与三维地质环境以及定位异常体空间分布。构建井下无人/少人化生产条件，也必将推动未来远程分布式监测装备向着智能化方向发展，实现地面远程实时遥控智能监测等，为矿井安全生产提供技术保障。

5.2　围岩变形破断发育多场监测系统

深部采场围岩变形与破坏是一种非线性的复杂地质力学问题，是岩体内应力场、渗流场、温度场、化学场、裂隙场等多场耦合并不断相互叠加的一个过程。揭示采动围岩多场耦合演化机理，建立岩层变形失稳的新理论，是实现采场围岩变形破坏光纤监测与精准判识的基础。其主要突破点在于研究复杂地质构造条件下，岩层运移与测试数据体的互馈机制，揭示煤层回采和多场耦合作用下岩层运移过程中变形破坏表征值的响应规律。同时，应结合理论推导、数值模拟和物理模拟等确定其参数，进一步形成相应的定量评价方法。

生产与科研单位利用多种矿井物探技术装备，针对巷道、工作面各时期、各阶段进行了大量的地质探测及监测预警等工作，但各阶段的矿井物探数据信息离散存在，未能对海量的多源数据信息进行系统整合研究。对此，急需对当前离散的物探数据进行整合，以及对多源物探数据进行融合，将矿井工作面地质"暗箱"透明化，构建包含多源物探数据信息的三维工作面透明化静、动态地质模型，同时需重视基于云数据静、动态地质模型的信息综合分析研判及诊断预警等系统性工作，通过加强围岩变形破断前兆信息与临界状态的评估，提高智能地质方面的透明化地质工作能力水平，从而有力保障和促进煤矿智能化建设。

通过获取煤层围岩岩层变形与破坏过程中的地电场、应变场响应特征，构建煤层工作面开采三维物理模型及数值模型，进行多场地球物理参数时空监测，获得采动过程中围岩全程变形与破坏监测数据，构建采场围岩变形监测技术体系成为一种必然。图 5-2 为采场围岩变形监测技术系统建立框图。

结合不同矿区煤层开采采场围岩的空间变形与破坏过程及裂缝发育特征实施精细探测，分析岩石破坏条件下地球物理多场多元参数的响应特征，建立岩石变形破坏受力与地电场、应变场参数之间的相关关系，探索和揭示围岩空间岩层破坏三维空间特征及精细发育规律，为采场岩层控制及水害防治技术措施制定等提供支撑。同时基于在线实时监测，形成全方位的集生产、管理、救援于一体的联动管理，进一步提高矿山安全生产保障技术水平。图 5-3 为基于安全监测全过程协同保障框图。

采用基础理论分析、岩石参数测试、数值及物理模型试验、现场原位实测等相结合的研究方法，开展采场围岩变形破坏过程中地球物理多场响应特征和机制，探究围岩采动作用下多场时空演化规律。基于地球物理场参数，结合煤岩体的应变、电阻率等时序特征比较，研究了围岩变形场与地球物理场参数的动态变化关系，使用自主研发的并行电法测试系统与矿井光纤测试技术，形成一套适用于采动围岩变形破坏的精细化评价方法体系。地电场的变化能够有效反映围岩体破坏形态及范围，应变场的变化能够反映围岩体变形程度大小。在采动作用下给出了电阻率变化 K 值（实测值与背景值的比值）和应变变化 $\Delta\varepsilon$。根据 K 值和 $\Delta\varepsilon$ 的阈值，动态划分采动超前应力分区和采场空间应力影响范围，判识安全区域。基于地球物理多场、多参数安全评价划分见表 5-1。

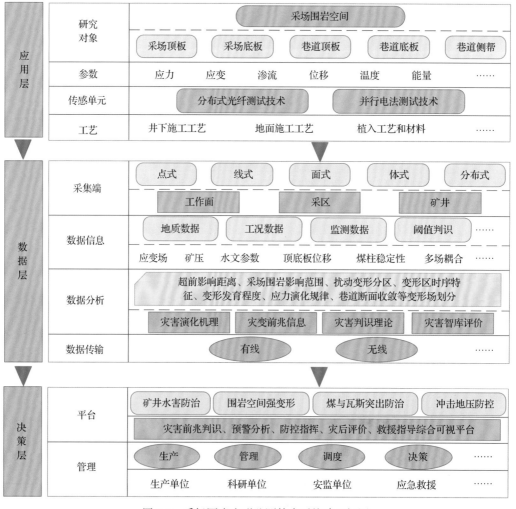

图 5-2　采场围岩变形监测技术系统建立框图

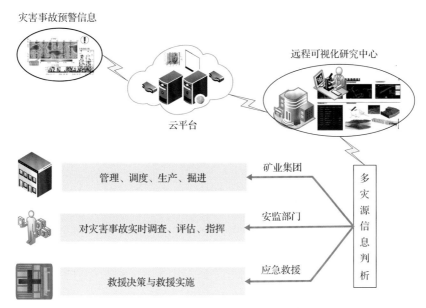

图 5-3　基于安全监测全过程协同保障框图

表 5-1　基于地球物理多场、多参数安全评价划分

危险级别	描述	电阻率变化 K 值	应变变化 $\Delta\varepsilon$ 的阈值	围岩形态结构
I	安全	1～2	$<200\mu\varepsilon$	岩体微变形，未产生明显裂隙
II	一般	3～5	$200\mu\varepsilon\sim800\mu\varepsilon$	岩体发育微裂隙，完整性遭到破坏
III	危险	6～10	$800\mu\varepsilon\sim4000\mu\varepsilon$	岩体裂隙发育，影响围岩稳定性
IV	严重	>10	$>4000\mu\varepsilon$	岩体发生破断，采场空间形变

5.3　技术展望

采场围岩变形测试技术经过多年的发展与完善，在现阶段技术支撑与行业、政策引导下，将进一步形成完备的监测技术系统。

1. 测试方法集成化

矿井现代化建设过程中，既有测试方法或多或少存在自身的限制，传统方法的改进和引入一些新的测试方法，从测试的便捷性、方法的简易性、现场的可操作性等方面都将得到逐步完善。随着测试技术不断发展，矿井测试技术也会形成比较全面的行业标准和规范，以指导测试向规范化、标准化方向发展。测试方法的集成化发展也是多学科领域交叉应用的体现，计算机信息学科、遥感测绘学科的一些新方法将被融合，为智能化全方位绿色矿山建设提供理论、方法支撑。具体而言，可能形成融合测试平台，即随着测试系统的智能化，未来测试方法上表现出多方法的集成测试，通过统一管控平台进行科学布局、智慧评估，实现地面钻探、井下钻探、物探、化探等形成多手段配合、立体空间的高效智能化探测，在时间、空间、资源的优化使用上更精准、快捷。

2. 测试装备智能化

采场围岩破坏测试中测试装备与仪器是非常重要的一部分，但是由于矿井环境的特殊性，往往会要求测试仪器具备很好的防尘、防水、防爆、耐高温、耐震荡等特点。在采场围岩变形测试中，还要求检测装备、测线、传感器等能够在一定的高压、大变形环境下表现出相对较好的稳定性和可靠性。因此，测试装备与仪器在不断完善中除了要满足上述的环境条件外，还需要在精度性能、自动化程度、智能化程度等各种技术指标上有所提升。新型材料的运用、新型封装技术的发展、新兴电子集成化技术的创新，将不断促进测试装备向小型化、便携化方向发展，特别是一些井下监测仪器(或是数据采集模块)的发展为丰富智慧采场围岩变形破坏原位监测发展提供装备保障，这对煤炭开采的信息化水平提升有着重要的促进作用。具体来说，未来测试仪器的小型化、传感装置无线化、监测系统平台化、系统布设无人化，随着微电子革新与5G时代的来临都有可能实现并得到快速发展。

3. 测试理论精准化

测试理论的发展包括新技术的理论发展及既有技术理论的完善与突破。特别是测试理论向智能化方向不断衍生，融合测试理论不断完善，以及形成多元地质信息的评价与预警。构建采场围岩变形破坏的量化理论，通过全空间、多场、多参量的综合分析，研究参量间的关联性；同时，要加强基础理论的深入与拓展，提高测试理论研究的精准性问题，促进新技术可为矿井安全高效生产服务；优化地球物理正反演理论，进一步提高探查精度与深度，减少物探测试结果的多解性，提高资料解释的准确性，进而实现从理论方法应用改变煤炭产业传统生产方式，实现煤炭资源的可持续发展，推动技术进步与管理升级，助力能源开采产业的现代化，提高开采建设与管理水平。着力增强大数据、智能化、云计算、物联网等信息技术集成应用能力，实现采场围岩变形破坏由单一灾源向多灾源智能监测、预测发展，融合天地空间一体化探查，助推煤炭资源绿色化、精准化、智能化开采。

4. 监测技术综合化

单一探测技术到多技术综合探测，以及多技术综合探测到多技术融合解释，需要经历很长的实践过程的检验，其本质目的是促进监测技术的发展，以解决目前生产单位所面临的棘手难题，确保安全生产高效进行。同样地，从表面测试系统布置到内部测试系统布设，以及立体空间的"空-天-地-孔"所形成的远程监测技术体系将会是未来煤矿智能化建设与发展的关键手段之一，通过立体空间数据体的获取，结合人工智能、互联网、物联网等构建采场围岩变形破坏多场源预警与智能决策平台的多元应用，建立适应新模式的高质量透明地质保障体系。

　　总而言之，结合采场岩层变形破坏测试多场、多参数大数据综合分析，构建岩石变形破坏状态综合地球物理解释标准和方法。重点围绕采场岩层变形破坏及岩层移动特征，构建岩层变化过程中受力、分区、分带等时空演化模型。讨论采场岩层变形破坏的判识证据与响应机制，通过监测技术体系融合，构建其精准量化关系，揭示其变形与破坏过程中的时空演化特征和规律，助力煤矿智能化、透明化建设与矿井防灾减灾工作是未来发展的主要方向。

参 考 文 献

安润莲, 姚精选, 杨引串. 2006. 瞬变电磁勘探技术在探测采空区中的应用——以阳煤集团氧化铝厂采空区勘探为例[J]. 中国地质灾害与防治学报, 17(4): 116-118.

曹煜. 2008. 并行直流电法成像技术研究[D]. 淮南: 安徽理工大学.

柴敬, 欧阳一博, 张丁丁, 等. 2020. 采场覆岩变形分布式光纤监测岩体-光纤耦合性分析[J]. 采矿与岩层控制工程学报, 2(3): 73-82.

柴敬, 魏世明. 2007. 相似材料中光纤传感检测特性分析[J]. 中国矿业大学学报, (4): 458-462.

柴敬, 袁强, 李毅, 等. 2016. 采场覆岩变形的分布式光纤检测试验研究[J]. 岩石力学与工程学报, 35(S2): 3589-3596.

柴敬, 张丁丁, 李毅. 2015. 光纤传感技术在岩土与地质工程中的应用研究进展[J]. 建筑科学与工程学报, 32(3): 28-37.

陈军涛, 武强, 尹立明, 等. 2018. 高承压水上底板采动岩体裂隙演化规律研究[J]. 煤炭科学技术, 46(7): 54-60, 140.

陈坤福. 2009. 深部巷道围岩破裂演化过程及其控制机理研究与应用[D]. 徐州: 中国矿业大学.

陈炎光, 钱鸣高. 2010. 中国煤矿采场围岩控制[M]. 徐州: 中国矿业大学出版社.

成枢, 孙振鹏, 朱鲁, 等. 1999. 导水裂缝带高度的探测研究[J]. 矿山测量, (4): 23-25.

成云海. 2006. 微地震定位监测在采场冲击地压防治中的应用[D]. 青岛: 山东科技大学.

程刚, 施斌, 魏广庆, 等. 2014. 煤层采动覆岩变形分布式光纤感测技术现场试验研究[J]. 工程地质学报, 22(S1): 524-529.

程刚, 施斌, 朱鸿鹄, 等. 2019. 光纤和砂土界面耦合性能的分布式感测试验研究[J]. 高校地质学报, 25(4): 487-494.

程建远, 石显新. 2013. 中国煤炭物探技术的现状与发展[J]. 地球物理学进展, 28(4): 2024-2032.

程建远, 王寿全, 宋国龙. 2009. 地震勘探技术的新进展与前景展望[J]. 煤田地质与勘探, 37(2): 55-58.

程久龙, 于师建, 郭惟嘉, 等. 1999. 地表隐伏斑裂的综合地球物理方法探测研究[J]. 矿山测量, (3): 47-49, 59.

程久龙, 朱鲁, 黄胜伟, 等. 1998. 覆岩破坏地震波场特征数值计算[J]. 山东矿业学院学报, (2): 30-34.

程久龙. 1998. 采场围岩破坏地震波场特征数值计算[J]. 山东科技大学学报(自然科学版), 17(2): 144-148.

程学丰, 刘盛东, 刘登宪. 2001. 煤层采后围岩破坏规律的声波 CT 探测[J]. 煤炭学报, 26(2): 153-155.

董浩, 魏文博, 叶高峰, 等. 2012. 大地电磁测深二维反演方法求解复杂电性结构问题的适应性研究[J]. 地球物理学报, 55(12): 4003-4014.

董浩斌, 王传雷. 2003. 高密度电法的发展与应用[J]. 地学前缘, 10(1): 171-176.

董书宁. 2007. 煤矿安全高效生产地质保障技术现状与展望[J]. 煤炭科学技术, 35(3): 1-5.

杜文凤, 彭苏萍, 勾精为, 等. 2015. 煤田地震勘探转换波观测系统设计与评价[J]. 煤炭学报, 40(6): 1428-1434.

杜文刚, 柴敬, 张丁丁, 等. 2021. 采动覆岩导水裂隙发育光纤感测与表征模型试验研究[J]. 煤炭学报, 46(5): 1565-1575.

范泽民, 蒋精泉. 2000. 厚煤层综采区冒落(裂)带高度的确定[J]. 中国煤田地质, 12(3): 31-33.

方正. 1994. 中国煤田勘探地球物理技术[J]. 地球物理学报, 37(S1): 396-407.

甘志超. 2015. 高密度电法探测西部矿区采动地表裂缝深度试验[J]. 矿山测量, (4): 15-17.

高保彬, 刘云鹏, 潘家宇, 等. 2014. 水体下采煤中导水裂隙带高度的探测与分析[J]. 岩石力学与工程学报, 33(S1): 3384-3390.

高文利, 马兰, 罗德建, 等. 2005. JW-5 型地下电磁波探测系统设计[J]. 物探化探计算技术, 27(3): 223-226, 181.

高延法, 曲祖俊, 邢飞, 等. 2009. 龙口北皂矿海域下 H2106 综放面井下导高观测[J]. 煤田地质与勘探, 37(6): 35-38.

弓培林, 靳钟铭. 2004. 大采高采场覆岩结构特征及运动规律研究[J]. 煤炭学报, 29(1): 7-11.

谷拴成, 陈盼, 王建文, 等. 2013. 采空区下煤层开采矿压显现规律实测研究[J]. 煤炭工程, 45(9): 64-67.

韩德品, 赵镨, 李丹. 2009. 矿井物探技术应用现状与发展展望[J]. 地球物理学进展, 24(5): 1839-1849.

侯忠杰, 邓广哲. 1992. 放顶煤开采上覆岩层运动现场观测法[J]. 采矿与安全工程学报, (3): 45-48, 79-81.

虎维岳, 赵春虎, 吕汉江. 2022. 煤层底板水害区域注浆治理影响因素分析与高效布孔方式[J]. 煤田地质与勘探, 50(11): 134-143.

姜福兴, Luo X, 杨淑华. 2003. 采场覆岩空间破裂与采动应力场的微地震探测研究[J]. 岩土工程学报, (1): 23-25.

姜福兴, 杨淑华. 2003. 微地震监测揭示的采场围岩空间破裂形态[J]. 煤炭学报, (4): 357-360.

姜福兴. 2006. 采场围岩空间结构观点及其应用研究[J]. 采矿与安全工程学报, 23(1): 30-33.

康红普, 范明建, 高富强, 等. 2015. 超千米深井巷道围岩变形特征与支护技术[J]. 岩石力学与工程学报, 34(11): 2227-2241.

康红普, 王国法, 姜鹏飞, 等. 2018. 煤矿千米深井围岩控制及智能开采技术构想[J]. 煤炭学报, 43(7): 1789-1800.

康永华, 王济忠, 孔凡铭, 等. 2002. 覆岩破坏的钻孔观测方法[J]. 煤炭科学技术, 30(12): 26-28.

孔令海, 李峰, 欧阳振华, 等. 2016. 采动覆岩裂隙分布特征的微地震监测研究[J]. 煤炭科学技术, 44(1): 109-113, 143.

来兴平, 任奋华, 李玉民, 等. 2004. 基于声波测井的采空区衍生灾害现场监测研究[J]. 金属矿山, (10): 66-68.

李博, 张丹, 陈晓雪, 等. 2017. 分布式传感光纤与土体变形耦合性能测试方法研究[J]. 高校地质学报, 23(4): 633-639.

李超峰, 刘英锋, 李抗抗. 2018. 导水裂隙带高度井下仰孔探测装置改进及应用[J]. 煤炭科学技术, 46(5): 171-177.

李飞, 程久龙, 陈绍杰, 等. 2019. 基于时移高密度电法的覆岩精细探测方法研究[J]. 矿业科学学报, 4(1): 1-7.

李录明, 李正文. 2007. 地震勘探原理、方法和解释[M]. 北京: 地质出版社.

李通林, 谭学术, 刘传伟. 1991. 矿山岩石力学[M]. 重庆: 重庆大学出版社.

李貅. 2002. 瞬变电磁测深的理论与应用[M]. 西安: 陕西科学技术出版社.

李舟波, 楚泽涵. 1997. 中国测井学研究现状与发展趋向[J]. 地球物理学报, 40(S1): 333-343.

刘国兴. 2005. 电法勘探原理与方法[M]. 北京: 地质出版社.

刘鸿泉, 张刚艳, 徐法奎, 等. 2005. 电导率成像技术在煤矿物探中的应用效果[J]. 煤矿开采, 10(3): 12-14.

刘静, 刘盛东, 曹煜. 2018. 基于裂隙尖端放电机制的深部岩体损伤自电特征分析[J]. 地球物理学报, 61(1): 323-330.

刘军. 2018. 并行电法在倾斜厚煤层工作面"三带"探测中的应用[J]. 矿业安全与环保, 45(3): 102-107.

刘盛东, 程学丰, 程桦, 等. 2001. 震波CT的应用技术[C]. 煤炭工业技术委员会地质分会. 中国煤炭学会矿井地质专业委员会2001年学术年会论文集. 北京: 煤炭工业出版社.

刘盛东, 李承华. 2000. 地震走时层析成像算法与比较[J]. 中国矿业大学学报, 29(2): 211-214.

刘盛东, 吴荣新, 张平松, 等. 2001. 高密度电阻率法观测煤层上覆岩层破坏[J]. 煤炭科学技术, 29(4): 18-19.

刘盛东, 吴荣新, 张平松, 等. 2009. 三维并行电法勘探技术与矿井水害探查[J]. 煤炭学报, 34(7): 927-932.

刘盛东, 张平松. 2004. 分布式并行智能电极电位差信号采集方法和系统: ZL200410014020[P]. 2005-05-18.

刘英锋, 王世东, 王晓蕾. 2014. 深埋特厚煤层综放开采覆岩导水裂缝带发育特征[J]. 煤炭学报, 39(10): 1970-1976.

刘宗才. 1985. 用钻孔声波法观测采后底板破坏深度[J]. 山东矿业学院学报, (1): 6-13.

吕文宏. 2014. 覆岩顶板导水裂隙带发育高度模拟与实测[J]. 西安科技大学学报, 34(3): 309-313.

毛吉震. 1994. 超声波成像钻孔电视及其在岩石工程中的应用[J]. 岩石力学与工程学报, 13(3): 247-260.

潘冬明, 程久龙, 李德春, 等. 2010. 利用三维地震技术探测覆岩变形破坏研究[J]. 采矿与安全工程学报, 27(4): 590-594.

彭赐灯. 2014. 煤矿围岩控制[M]. 北京: 科学出版社.

彭林军, 宋振骐, 周光华, 等. 2021. 大采高综放动压巷道窄煤柱沿空掘巷围岩控制[J]. 煤炭科学技术, 49(10): 34-43.

彭苏萍. 2006. 煤矿高分辨三维地震技术体系及在煤炭工业中的应用[A]. 中国地质学会, 国土资源部地震勘察司. "十五"地质行业获奖成果资料汇编: 31.

彭苏萍. 2008. 深部煤炭资源赋存规律与开发地质评价研究现状及今后发展趋势[J]. 煤, 17(2): 1-11, 27.

钱鸣高, 茅献彪. 1998. 采场覆岩中关键层上载荷的变化规律[J]. 煤炭学报, 23(2): 25-29.

钱鸣高, 缪协兴. 1997. 采动岩体力学——一门新的应用力学研究分支学科[J]. 科技导报, 15(3): 29-31.

钱鸣高, 石平五, 许家林. 2010. 矿山压力与岩层控制[M]. 徐州: 中国矿业大学出版社.

任奋华, 蔡美峰, 来兴平, 等. 2004. 采空区覆岩破坏高度监测分析[J]. 工程科学学报, 26(2): 115-117.

申宝宏, 孔庆军. 2000. 综放工作面覆岩破坏规律的观测研究[J]. 煤田地质与勘探, 28(5): 42-44.

申宝宏, 茹瑞典, 陈刚. 2000. 弹性波测井探测采区覆岩破坏规律[J]. 矿山测量, (2): 17-18.

申涛, 袁峰, 宋世杰, 等. 2017. P波各向异性检测在采空区导水裂隙带探测中的应用[J]. 煤炭学报, 42(1): 197-202.

施斌, 徐洪钟, 张丹, 等. 2004. BOTDR应变监测技术应用在大型基础工程健康诊断中的可行性研究[J]. 岩石力学与工程学报, 23(3): 493-499.

施斌, 张丹, 朱鸿鹄. 2017. 地质与岩石工程分布式光纤监测技术[M]. 北京: 科学出版社.

宋振骐, 郝建, 张学朋, 等. 2021. 实用矿山压力控制[M]. 青岛: 应急管理出版社.

孙庆先, 牟义, 杨新亮. 2013. 红柳煤矿大采高综采覆岩"两带"高度的综合探测[J]. 煤炭学报, 38(S2): 283-286.

孙阳阳, 王源, 张清华, 等. 2018. 模型相似材料内部应变光纤量测应变传递[J]. 岩土力学, 39(2): 759-764, 774.

滕吉文. 1963. 高频反射波在实际断层介质中传播的动力学特性[J]. 地球物理学报, 12(2): 166-178.

王国法, 杜毅博, 任怀伟, 等. 2020. 智能化煤矿顶层设计研究与实践[J]. 煤炭学报, 45(6): 1909-1924.

王宏. 2014. 基于BOTDR的导水裂缝带高度探测技术研究[D]. 南京: 南京大学.

王宏志. 2018. 地面窥视钻孔采动破坏机理及覆岩活动规律反演研究[D]. 徐州: 中国矿业大学.

王双明, 段中会, 马丽, 等. 2019. 西部煤炭绿色开发地质保障技术研究现状与发展趋势[J]. 煤炭科学技术, 47(2): 1-6.

王云广. 2016. 高强度开采覆岩破坏特征与机理研究[D]. 焦作: 河南理工大学.

吴荣新, 方良成, 周继生. 2007. 采用网络并行电法仪探测采煤工作面无煤区[J]. 安徽理工大学学报(自然科学版), 27(2): 6-9.

吴荣新, 刘盛东, 张平松, 等. 2010. 地面钻孔并行三维电法探测煤矿灰岩导水通道[J]. 岩石力学与工程学报, 29(S2): 3585-3589.

吴荣新, 张卫, 张平松. 2012. 并行电法监测工作面"垮落带"岩层动态变化[J]. 煤炭学报, 37(4): 571-577.

谢和平, 彭苏萍, 何满朝. 2007. 深部开采基础理论与工程实践[M]. 北京: 科学出版社.

许家林, 钱鸣高. 1997. 覆岩采动裂隙分布特征的研究[J]. 采矿与安全工程学报, (3): 210-212.

薛光武. 2006. 物探技术在地表探测煤矿采空影响区中的应用研究[D]. 太原: 太原理工大学.

严加永, 孟贵祥, 吕庆田, 等. 2012. 高密度电法的进展与展望[J]. 物探与化探, 36(4): 576-584.

杨宏伟, 姜福兴, 尹永明. 2011. 基于微地震监测技术的顶板高位钻孔优化技术研究[J]. 煤炭学报, 36(S2): 436-439.

杨思舜, 方潮杰. 2006. 利用测井方法研究采区离层裂隙带变化规律[J]. 中国西部科技, (28): 55-56.

杨文采, 杜剑渊. 1994. 层析成像新算法及其在工程检测上的应用[J]. 地球物理学报, 37(2): 239-244.

杨永杰, 陈绍杰, 张兴民, 等. 2007. 煤矿采场覆岩破坏的微地震监测预报研究[J]. 岩土力学, 28(7): 1407-1410.

尹增德. 2007. 采动覆岩破坏特征及其应用研究[D]. 青岛: 山东科技大学.

于师建, 程久龙, 王玉和. 1999. 覆岩破坏视电阻率变化特征研究[J]. 煤炭学报, 24(5): 457-460.

于师建, 程久龙. 2009. 采矿工程围岩移动破坏综合探测技术[C]. 山东省地球物理学会. 山东地球物理六十年会议论文集. 青岛: 中国海洋大学出版社.

袁亮, 张平松. 2019. 煤炭精准开采地质保障技术的发展现状及展望[J]. 煤炭学报, 44(8): 2277-2284.

袁亮, 张平松. 2020. 煤炭精准开采透明地质条件的重构与思考[J]. 煤炭学报, 45(7): 2346-2356.

袁亮. 2021. 深部采动响应与灾害防控研究进展[J]. 煤炭学报, 46(3): 716-725.

袁强. 2017. 采动场围岩变形的分布式光纤检测与表征模拟试验研究[D]. 西安: 西安科技大学.

张诚成, 施斌, 刘苏平, 等. 2018. 钻孔回填料与直埋式应变传感光缆耦合性研究[J]. 岩土工程学报, 40(11): 1959-1967.

张丹, 施斌, 吴智深, 等. 2003. BOTDR分布式光纤传感器及其在结构健康监测中的应用[J]. 土木工程学报, 36(11): 83-87.

张丹, 张平松, 施斌, 等. 2015. 采场围岩变形与破坏的分布式光纤监测与分析[J]. 岩土工程学报, 37(5): 952-957.

张丁丁, 柴敬, 李毅, 等. 2015. 松散层沉降光纤光栅监测的应变传递及其工程应用[J]. 岩石力学与工程学报, 34(S1): 3289-3297.

张海峰, 李文, 李少刚, 等. 2014. 浅埋深厚松散层综放工作面覆岩破坏监测技术[J]. 煤炭科学技术, 42(10): 24-27.

张红日, 张文泉, 温兴林, 等. 2000. 矿井底板采动破坏特征连续观测的工程设计与实践[J]. 矿业研究与开发, 20(4): 1-4.

张朋, 王一, 刘盛东, 等. 2011. 工作面底板变形与破坏电阻率特征[J]. 煤田地质与勘探, 39(1): 64-67.

张平松, 胡雄武, 吴荣新. 2012. 岩层变形与破坏电法测试系统研究[J]. 岩土力学, 33(3): 952-956.

张平松, 李圣林, 邱实, 等. 2021. 巷道快速智能掘进超前探测技术与发展[J]. 煤炭学报, 46(7): 2158-2173.

张平松, 刘盛东, 舒玉峰. 2011. 煤层开采覆岩破坏发育规律动态测试分析[J]. 煤炭学报, 36(2): 217-222.

张平松, 刘盛东, 吴荣新, 等. 2009. 采煤面覆岩变形与破坏立体电法动态测试[J]. 岩石力学与工程学报, 28(9): 1870-1875.

张平松, 刘盛东, 吴荣新. 2004. 地震波CT技术探测煤层上采场围岩层破坏规律[J]. 岩石力学与工程学报, 23(15): 2510.

张平松, 刘盛东. 2006. 断层构造在矿井工作面震波 CT 反演中的特征显现[J]. 煤炭学报, 31(1): 35-39.

张平松, 鲁海峰, 韩必武, 等. 2019. 采动条件下断层构造的变形特征实测与分析[J]. 采矿与安全工程学报, 36(2): 351-356.

张平松, 孙斌杨, 许时昂. 2016. 基于 BOTDR 的煤层底板突水温度场监测模拟研究[J]. 重庆交通大学学报(自然科学版), 35(5): 28-31, 49.

张平松, 许时昂. 2016. 矿井光纤测试技术发展与应用研究[J]. 地球物理学进展, 31(3): 1381-1389.

张平松, 翟恩发, 程爱民, 等. 2019. 深厚煤层开采底板变形特征的光纤监测研究[J]. 地下空间与工程学报, 15(4): 1197-1203, 1211.

张平松, 张丹, 孙斌杨, 等. 2019. 巷道断面空间岩层变形与破坏演化特征光纤监测研究[J]. 工程地质学报, 27(2): 260-266.

张兴民, 于克君, 席京德, 等. 2000. 微地震技术在煤矿"两带"监测领域的研究与应用[J]. 煤炭学报, 25(6): 566-570.

张玉军, 张华兴, 陈佩佩. 2008. 覆岩及采动岩体裂隙场分布特征的可视化探测[J]. 煤炭学报, 33(11): 1216-1219.

赵博雄, 王忠仁, 刘瑞, 等. 2014. 国内外微地震监测技术综述[J]. 地球物理学进展, 29(4): 1882-1888.

赵显令, 王贵文, 周正龙, 等. 2015. 地球物理测井岩性解释方法综述[J]. 地球物理学进展, 30(3): 1278-1287.

中国水利电力物探科技信息网. 2011. 工程物探手册[M]. 北京: 中国水利水电出版社.

周官群, 刘盛东, 郭立全, 等. 2007. 采煤工作面地质异常体震波 CT 探测技术[J]. 煤炭科学技术, 35(4): 41-44.

周红帅, 徐白山, 靳辉, 等. 2007. EH-4 电磁法在探测煤矿采空区覆岩"三带"中的应用研究[C]. 中国地球物理学会. 中国地球物理学会第二十三届年会论文集. 青岛: 中国海洋大学出版社.

朱德明, 田恒洲, 华兰如, 等. 1991. 井下仰孔探测导水裂缝带技术方法试验[J]. 煤炭科学技术, (10): 4-8.

朱国维, 王怀秀. 1999. 利用超声成像技术辅助判定覆岩破坏钻孔的导水裂缝带高度[J]. 安徽理工大学学报(自科版), 19(3): 5-10.

朱晓东. 2017. 煤巷锚杆支护设计及机械式围岩监测仪的研制[D]. 杭州: 浙江工业大学.

左建平, 孙运江, 钱鸣高. 2017. 厚松散层覆岩移动机理及"类双曲线"模型[J]. 煤炭学报, 42(6): 1372-1379.